沟通懂心理 说话有水平

说话心理学

教你如何说漂亮话

鸿图 编著

SPEAKING
PSYCHOLOGY

海潮出版社
Haichao Press

图书在版编目（CIP）数据

说话心理学 / 鸿图编著． --北京：海潮出版社，2013.3（2018.11重印）

ISBN 978-7-5157-0223-0

Ⅰ．①说… Ⅱ．①鸿… Ⅲ．①心理学—通俗读物 Ⅳ．①B84-49

中国版本图书馆 CIP 数据核字（2012）第 190089 号

书　　名：说话心理学

作　　者：鸿　图
责任编辑：张　莉
封面设计：今朝设计
出版发行：海潮出版社
社　　址：北京市西三环中路 19 号
邮政编码：100841
电　　话：(010) 66969738（发行）　66969751（编辑）　66969746（邮购）
经　　销：全国新华书店
印刷装订：三河市嵩川印刷有限公司
开　　本：710mm×1000mm　1/16
印　　张：16
字　　数：210 千字
版　　次：2013 年 3 月第 1 版
印　　次：2018 年 11 月第 10 次印刷
ISBN 978-7-5157-0223-0
定　　价：29.80 元

（如有印刷、装订错误，请寄本社发行部调换）

前言
Preface

语言，作为人类交际必不可少的工具，以其独特魅力和无穷力量，在人与人的交往中一直发挥着不可替代的作用。

20世纪40年代，有人曾将"口才、金钱、原子弹"列为在世界上生存和发展的三大法宝，20世纪60年代"口才、金钱、计算机"被看成是最具力量的三大武器。可见，口才对一个人的生存和发展来说是多么重要。

好口才是一门艺术，也是一门学问，更是一种智慧。要想充分发挥语言的魅力，让语言成为攻无不克的一门武器，必须学会运用语言心理学。正如世界著名心理学家阿德勒所表述的观点：一个人要想成功，就要抓住能够帮助你成功的人；要抓住这些人，就要抓住他们的内心；而要抓住他们的内心，靠的并不是渊博的知识，而是准确掌控对方的心，看透对方的心，并在这个基础上用恰当的言辞发表自己的看法和意见，这样才能获得他人的认同。

只有在与他人的交谈过程中，善于看穿他人的心思，捕捉对方的真实意图，才能更好地去迎合对方，拉近彼此之间的心理距离，才能恰如其分地把话说到对方心坎里，产生共鸣，博得他人好感，让他们向你敞开心扉。

把心理学技巧运用到语言交流中，这并不是人人都会的，需要掌握一定的技巧才可以做到。本书把语言技巧运用作为基础，从实用而又具体的心理学角度出发，把说话过程涉及的重要因素如观察、倾听、言辞等，以及说话过程要面临的多个场面如职场、求人办事、销售、交际、婚恋等，多层次多方面的来培养我们说话过程中的心理学意识，深入浅出，全面而又准确的教我们在说话过程中如何运用心理学，可谓是一本完备的语言技巧指南。

本书没有过于深奥的学术理论，没有华而不实的噱头，有的只是说话过程中具体的心理技巧的应用与实际可行的操作方法。相信本书能让你更有技巧地说话，更有智慧地说话，从而成为一个社交达人。

说话心理学

成功与失败 ⎫
　　　　　 ⎬ 决定性因素 ⟶ **你是否会说话**
人际关系的亲疏 ⎭

　　　　　 ⎧ 前者——运用了各种心理技巧
关键原因 ⎨
　　　　　 ⎩ 后者——不懂得运用心理学

语言 ⟷ 心灵

心理学家会通过语言来破解人们的心灵密码。如果我们懂得心理学的奥秘，破解到说话对象的"心灵密码"，这样你就会成为说话的"策略高手"，也可以形成一套自己的"说话艺术"！

成功者曾这样总结："能说会道是成功的重要因素"；

失败者则这样归纳："不会说话往往处处碰壁"。

注意：在不同场合下，人们不同的心理需要。

目录 Contents

第一章 察言观色原理：
操纵人情往来的基本技术

察言观色是一切人情往来中操纵自如的基本技术。不会察言观色，等于不知风向便去转动舵柄，人情世故则无从谈起，弄不好还会在小风浪中翻了船。

一、做了解他人的语言高手 / 2

二、多一点观察，你就能改变世界 / 3

三、透过他的眼睛看穿他的心 / 6

四、不对他的动作习惯说"我不在乎" / 9

五、让他的服饰助你一臂之力 / 11

六、千万别拿他人不足不当回事 / 13

七、分清楚场合环境，才能达到我们所渴望的效果 / 15

八、保持一颗平常心 / 18

九、与老人交谈，多把"请教"挂嘴边 / 21

第二章 倾听定律：
尽力用心去听，就能听到信任、支持和力量

说话是一个双向过程，我们所说的很重要，但对方所说的同样重要。只有真诚有效地倾听对方，让对方找到认同与尊重，才能使下面的交流过程更顺利有效地进行。同时，通过倾听他人，能更有效地获取对方的有效信息，有利于我们组织编排下面的语言与话题。

一、竖起聆听的耳朵让他人一次说个痛快 / 24

二、不做对话中的"麦霸" / 26

三、将回应进行到底 / 29

四、听，就要听出弦外音 / 32

五、会听更要会"接" / 33

六、从他人角度说话也是一种聆听 / 36

七、让攻其不备的问话做有效倾听的催化剂 / 38

第三章 赞美效应：
溢美言辞，让人如沐春风

赞美天生有一种魔力，能拉近人与人之间的距离，扫除彼此之间的交往阻碍。而恰到好处，新鲜奇特，貌似不经意的赞美更能愉悦他人，打动人心，给人以美的感受。

一、有创意的赞美更让人受用 / 42

二、内心真诚的赞美，可以创造奇迹 / 43

三、赞美具体才不是敷衍 / 46

四、不要让赞语引起误解 / 48

五、出其不意之处的赞美，好比意外的礼物 / 50

六、背后赞美别人，散发异样魅力 / 51

七、学会适度的赞美 / 53

八、赞美要因人而异 / 55

第四章　言辞准则：
声情并茂，让人赏心而又悦耳

　　好的说话技术还需要好的言辞来润色提升为艺术。人们喜欢听合乎自己胃口的话，但也更喜欢接受美妙悦耳的声音，这就需要我们在说话的声音与言辞上下工夫，才能让说出口的话赏心而又悦耳。

一、简洁的语言最具吸引力 / 58

二、幽默，言论的调料 / 59

三、温婉的谈吐最能愉悦他人的心理 / 63

四、平实通俗的语言最具感染力 / 65

五、条理清晰，说话便有条不紊 / 67

六、用对字眼，才有影响力 / 68

七、妙用语调，抑扬顿挫能感染听者 / 70

八、让委婉来得更亲切一些 / 74

九、用自信与热情感染他人 / 76

十、和惹人厌的说话习惯"byebye" / 78

第五章　困境心理反应：
临危不乱，机智巧妙方可得人心

说话不是一件简单的事情，而说好难说的话更是不容易。怎样说既能摆脱尴尬不利的境遇，又能让人觉得恰如其分，够火候，同时也能给他人有力警示，这就需要从他人的心理出发，深谙说话艺术方可。

一、用委婉含蓄的语言拒绝对方 / 82

二、用巧妙的回答还击对方 / 84

三、机智摆脱尴尬局面 / 87

四、巧妙地运用暗示 / 90

五、聪明的人学会自嘲 / 92

六、善于寻找话题 / 94

七、保持镇定的说话方式 / 96

八、巧妙地暗示对方的错误 / 99

九、避其锋芒，模糊其词说有弹性的话 / 101

十、借物说事，明话暗说 / 104

第六章　职场说话心理策略：
笑傲职场，怎样用"心"说话最聪明

想要笑傲职场，可并不像想象的那么简单，它不仅需要硬件——你的工作能力，还需要软实力——在领导与同事之间说好每一句话。

一、不同的场合选择合适的表达方式 / 108

二、说话要掌握时机 / 110

三、敏感话题请绕行 / 112

四、用沟通来缓解僵局 / 115

五、工作中少一些抱怨 / 118

六、与领导说话要掌握分寸 / 120

七、以请教的方式提建议 / 122

八、玩笑不能开过头 / 125

九、背后不说人是非 / 128

十、贬抑自己，赞扬他人 / 132

第七章 销售说话心理策略：
客户的心思我来猜，不再对我说拒绝

想要钓到鱼，就得像鱼儿一样思考，对鱼儿了解的越多，你就越容易钓到鱼，钓到的鱼也就越来越多。这在销售中的说话过程中非常适用，换言之"不要仅仅把自己当成一个销售员，更要把自己当成一个客户"，销售便不再是一无所获的旅程。

一、从客户的心理角度出发看问题 / 136

二、把最受用的话以"不经意"的方式说出来 / 138

三、如何使对方的拒绝变为接受 / 141

四、打动人心的说话技巧 / 143

五、该让步时就让步 / 146

六、时刻保持一种冷静的态度 / 148

七、适当地学会变通 / 151

八、掌握打电话的技巧 / 152

九、学会善于把握时机 / 156

十、去时要比来时美 / 158

第八章　谈判说话心理策略：
字字中的，就是一番"攻心"计

谈判是双方为某种目的企求达到一致的一种磋商，是用对话的方式去谋取一个好的结果。一定意义上，谈判更是一种借助语言这个基本工具而进行的一场心理博弈战，把话说到对方心坎里，才能促使谈判获得成功。

一、寻找最佳的谈判方式 / 162

二、互惠也可以是一种新型谈判 / 164

三、适时改变谈判策略 / 165

四、学会放低姿态 / 168

五、巧妙运用激将法 / 170

六、以静制动，无声胜有声 / 174

七、适当地满足对方的利益 / 176

第九章　求人办事说话心理策略：
说话有情有理，他人心甘情愿为你"效劳"

要想办成事，把我们所说的话的价值发挥到最大，就要学会善于运用洞悉人心的力量。找对路子，摸准窍门，打动对方，如此，才能使事情顺理成章地达成。

一、适当学会低头说话 / 180

二、自我介绍要得体 / 182

三、用闲谈打开话题 / 183

四、效忠的话别忘了说 / 186

五、转移他人注意力 / 187

六、得寸又进尺也未尝不可 / 189

七、寻找感情上的突破口 / 192

八、话不在多全在点上 / 194

第十章　交际心理策略：
摸透脉搏，就这样被你征服

人际交往中的各种问题，都与心理学有着非常密切的关系。要想成为社交达人，就要摸准他人脉搏，擅攻人心。

一、相信别人就是相信自己 / 198

二、放下你的"架子"再说话 / 200

三、懂得尊重他人 / 202

四、有效地拉近彼此距离 / 204

五、用关心和热忱去迎接别人 / 206

六、做人要真诚讲信誉 / 208

七、少点虚空多点实在 / 209

八、不要过度自我夸耀 / 211

九、人情话要多说 / 214

十、勇于承担错误 / 217

第十一章　婚恋说话心理策略：
蜜语拴住人心，让爱变得简单

美好的婚姻与爱情需要"甜言蜜语"，爱就要说出来，但如何说出甜而不腻的感觉，这就需要花一番心思，看"芳心"说话。

一、恋爱要会"谈"更要会问／220

二、借斗嘴让爱情升升温／222

三、"忌妒"，让爱情生辉／224

四、采用含蓄的示爱方式／226

五、莫让无话不谈变成无话再谈／229

六、制造一场完美的话别／231

七、老夫老妻也要经常来点甜言蜜语／233

八、做个讨婆婆欢心的巧嘴媳妇／235

九、把话说到岳父岳母心坎里／238

参考文献／241

第一章 察言观色原理:
操纵人情往来的基本技术

　　察言观色是一切人情往来中操纵自如的基本技术。不会察言观色,等于不知风向便去转动舵柄,人情世故则无从谈起,弄不好还会在小风浪中翻了船。

一、做了解他人的语言高手

语言并不仅仅是一个说话交流的过程，它还能反映一个人的内心活动、想法与喜好。即便把谈话的内容装扮的完美无瑕，但我们谈话时的动作，说话的语气、语调等诸多方面都能把内心的诸多信息反映出来。这也正是语言是人和动物最本质的区别之所在。

说话方式、说话内容能反映的心理活动很多，同时它也能清晰地映射出一个人的性格特征。喜欢在言谈当中引经据典的人内心非常推崇权威；在谈话当中过分使用恭敬语言的人，怀有很强的警戒心；经常使用"我妈妈说"的人在思想上还比较幼稚；在谈话中突然有意识地使用粗暴言辞的人，他此时很希望在彼此之间占有主动优势的地位；即使和交情非常深厚的人交谈依然非常客气、礼貌的人，很可能在心理上存在巨大的自卑感；无缘无故就会很小声说话的人，其个性方面有柔弱的一面或者是对于所言事物缺乏信心；谈话内容过于偏重自己，对于自己的家庭、事业等方面滔滔不绝的人，往往以自我为中心，有很严重的自我意识倾向；在谈话时故意把一个话题拉得很长且说个没完的人，是害怕别人提出反对意见；说话声音非常高昂的人，性格比较任性；喜欢打探别人消息，并且对于某些传闻非常感兴趣的人，内心则多为孤独无聊，缺少真正的朋友；喜欢谴责上司或老板的过错，指责他们无能的人，通常在心中有强烈的出人头地的愿望。

福音书说:"听话要快,答话要慢。"希腊有句谚语:"人有两只耳朵,一个嘴巴,是要叫人多听而少说。"这些都是在总结了言谈当中的语言心理后得出的处世良言。

说话是一门艺术,更是一门学问,只有掌握了语言的规律和人的心理之后才能真正成为言谈中的智者和掌控者。

由此可见,言谈能从不同程度反映一个人的内心变化,也能把个人的喜好与秉性等信息折射出来。如果我们能做到从他人的角度出发认真听其所言,准确迅速的知其所想,进而来指导与规避自己的言行的话,那样就能够准确地把握语言的尺度,把话说的完美,说到别人心坎里,就能真正的打动并俘获人心,那其他所有的问题都能迎刃而解,不再是问题。

无论你是一个语言高手,还是一个对语言存在着某种心理障碍的人,或者是一个本来存在语言心理障碍而想成为语言操控高手的人,都请从这一刻起开始通过交谈来迅速捕捉他人身上以及心理的信息,进而来了解他人,影响他人,去发现、接受、改变,并运用它,让自己成为真正意义上的语言领导者。从心理学的角度出发去发掘语言的魅力和力量,它会为你美好和灿烂的明天去开疆拓土,你会发现原来自己也能成为一个了解他人的语言高手。

二、多一点观察,你就能改变世界

每个人都有自己的思维方式和说话习惯,时间久了,就会掺杂不少可能导致不佳结果的说话方式和内容,形成很难改变的语言惰性。

很多时候，我们就生活在已经习惯了的模式里，既不关心自己应当作出哪些改变，更别谈关注他人有什么改变，他人有着怎样的心理需求。这些就都犯了语言沟通交流的大忌，语言是一个双向交流的过程，如果只是自己一味地说，而忽略他人的心理感受，那和一个复读机有什么区别，也不可能达到良好的沟通效果，更别想给人带来愉快的听觉感受。

而如若我们对他人的说话环境多一点观察，多站在他人的角度看看，多了解一些对方的心理状态与情绪问题，那我们就会换一种方式与他对话，那也就会带来一个让自己惊喜的新的说话效果。

一个周末，许多青年男女伫立在街头。他们有不少人是等待与情侣相会的，有两个擦鞋童，正高声叫喊着以招徕顾客。

其中一个说："请坐，我为您擦擦皮鞋吧，又光又亮。"

另一个却说："约会前，请先擦一下皮鞋吧！"

结果，前一个擦鞋童摊前的顾客寥寥无几，而后一个擦鞋童的喊声却收到了意想不到的效果，一个个青年男女都纷纷让他擦鞋。

"月上柳梢头，人约黄昏后"，在这样一个充满温情的美妙时刻，谁都愿意以干净亮丽、大方得体的形象出现在自己心爱的人面前。

第一个擦鞋童说话尽管礼貌、热情，并且还附带着质量上的保证，但这却与此刻青年男女们的心理差距甚远。在这样一个美妙温情的黄昏时刻，没有谁会花工夫破费钱财去"买"什么"又光又亮"，仅仅是"为擦鞋而擦鞋"没有什么特殊的意义，显然很没有必要。

但第二个擦鞋童的话就大不一样了，这位聪明的擦鞋童，传送着"为约会而擦鞋"的温情爱意，他所说的与此刻男女青年们的心理非常吻合。一句"约会前，请先擦一下皮鞋吧！"可谓是真正说到了青年男女的心坎上。

一句"为约会而擦鞋"一下子抓住了顾客的心，大获成功。可见，研究然后深谙他人心理，察颜观色，多点观察，才能得到准确的无形信息，也才能找到最恰当的说话切入点。

有一家皮革材料公司，专为皮革制造厂家提供皮革材料。一次，一位客户登门，几句寒暄之后，公司负责人发现这位客户实力雄厚，需要很大的量。在交谈中又发现这位客户比较自负，性急。于是皮革材料公司通过客户观看样品的机会，适当而得体地夸奖他的经验与眼力，在最后的价格谈判中，先开出每公尺20元，但接着又加了一句："您是行家，我们开的价是生意的常规，有虚头骗不了您。最后的定价您说了算，我们绝无二话。"果然，客户在这种信任的赞誉声中，痛痛快快定了每公尺15元的价格（公司的进价是每公尺12元）。

在察言观色的过程中，我们在探寻他人的心理信息时，切不可鲁莽冒进，而应遵循一定的原则。在知识高深、经验丰富的对手面前，千万不能自作聪明、虚张声势，这势必会给对方造成心理上的反感，同时也会给对方产生不可信赖的感觉。尤其不能不懂装懂、显露浅薄，否则，就可能弄巧成拙。

而在有刚愎自用、好大喜功心理的对手面前，不宜过多解释，可以采用激将之法。采用激将法在很大程度上能激发对方的虚荣心理，从而能达到自己想要取得的说话效果。而对于沉默寡言、疑神疑鬼的对手，则应当先谨慎的摸清对方的虚实。这类对手多有保守心理，缺乏安全感。如果不顾一切地一味套近乎，则越殷勤，越妥协，往往越会引起更多的疑问和戒备。这时面对对方坚守自己内心的情境中，不妨想方设法启发对方讲话，逐步摸清虚实，对症下药。态度也不妨强硬一点，用自己的自信来感染、同化对方，打消疑虑。

也正如那家材料公司的负责人很快就谈成了生意，关键就在于他准确地把握住了对方的性格及心理,使用了正确的说话方法。

三、透过他的眼睛看穿他的心

眼睛是心灵的窗口,这句话不无道理。一个人的情绪状态、阅历,都能从眼睛中看出来。可以说,眼睛传递的信息最丰富、最复杂,也最微妙。善于捕捉他人有效信息的人,能透过对方的眼神窥见他的内心,哪怕他是口是心非,只要我们透过眼睛看透了他的心,就能掌握言语交谈的度,同时把我们积极有效的信息传递给对方,即把话说到他的心坎里。

因此,我们在与对方交谈的过程当中,要想真正看穿他人内心而说对说准话,就应当时刻注意对方眼睛里流露出来的信息。因为眼睛所流露出来的信息很多时候都是来自多方面的,很细微的表现,这也就需要我们从多方面,细致入微地去洞察来自对方眼睛的信息,探寻对方的心理活动。

很多人在怀疑对方说谎时,会说:"看着我的眼睛"。若对方没说假话,就会迎着挑衅者的目光看过去,反之就会目光躲闪,或干脆眼观别处,不予回答。

当一个人表示对另一个人的拒绝时,就会用一种不情愿,反感甚至愤怒或轻蔑的眼神看过去;而当一个人对另一个人产生了好感,没有用语言表达出来的时候,多会用一种欣赏、幸福等感情交织在一起的眼光不住地打量对方,搜寻对方,眼神里充满光泽。

其实,不只是眼神能表达丰富的含义,眼睛的其他动作也意蕴无穷，因此，通过观察一个人丰富的眼睛语言是了解这个人心理动向的准确有力捷径。而要想把握对方眼神所表达的深层含义，把话说得完美，让人爱听，就需要我们仔细观察对方的眼睛。

首先我们要注意对方眼睛视线的方向。

日常生活当中，不相识的人，以免尴尬，彼此视线偶尔相交的时候，便会立刻移开。这是基于长时间的直视会让人觉得隐私被侵犯或被看穿内心的缘故。所以，通过讲话时眼睛是否看着对方，可以判断出一个人是否对对方感兴趣或有好感。

相识的人在谈话时，如果对方完全不看你，便可视为他对你不感兴趣或无亲近感，那我们就需要转移话题另辟蹊径了。如果对方凝视你而不移开视线的话，那么便是他很有可能现在情绪很激动，或者有什么事情难以排遣，想要诉说什么心事，那我们就需要认真听听他要说些什么，并鼓励让他把心中所想讲出来。

斜视对方表示拒绝、藐视。如果在谈话时对方流露出这种眼神，这时我们千万不能不闻不问，或装作不知道，否则就会变得很别扭。这时可以这样表示："不要一直沉默着，把要说的话都说出来吧！"如果对方仍然没有反应，那么表明他拒绝了你的诚意，你就要适可而止了。

同时，如果当你在说话时对方的眼睛却看别处，那就表示他对谈话不关心或在考虑别的事情，那这时可以适当进行提示听听对方怎样回答，然后再采取让谈话继续进行下去的行动。比如，当你很诚意地对女友说话时，她却将眼睛注视别的地方，一副心不在焉的样子，这并不表示她对你没信心或另有所爱，而可能她遇到了什么不开心的事情，这时应该用试探的口气问她："有什么麻烦吗？能告诉我吗？我们可以共同解决。"

其次，需要我们仔细观察，加以揣度眼睛的移动。

曾经有人专门进行了一次心理学实验来研究这个问题，结果发现：当被问及"你一生中遇到的最痛苦的事情是什么"以及"你一生中遇到的最开心的事情是什么"这两个问题时，人们回想痛苦的事情时，眼球会在眼眶中向左移动；而回想开心的事情时，眼球就会向右移动。这似乎有些不可思议，但是如果仔细观察的话，现实生活中确实存在这种规律。

尤其是在我们和别人交谈时，一定要注意到这一点。我们应当通过观察对方眼睛的转动方向，了解对方此刻的真实感受，才能去适时地把握对方的情绪，有效改变或者继续话题。同时，当收到来自对方眼睛转动方向传达的不积极乐观信息时，就应当想办法让对方眼球向右转，同时有意识地去改变对方的心情。只有做到这些，才会带来对方内心的认同与愉悦，才会让他人乐于与我们交谈。

如果对方频繁地向左看，就说明他在考虑一些不开心的事情，这时我们在了解对方不愉悦的心理状态前提之下，就可以去主动询问对方有什么不开心的事情，以此消除对方的不积极情绪，而不是一味地自说自话，即便表达得再多，对方没有心情听也不会听进去，甚至会产生反感。

同时当我们要向他人展示某些东西或者资料时，假设我们是面对面的，应该尽量想办法让对方向右侧看，视线右移自然会使对方的心情开朗起来。这时我们就应该将资料放在自己的左侧，这样对方要看文件就不得不向右侧看。

眼睛表现人们的喜怒哀乐，一个人无论他心里在想什么，他的眼睛都可能会出卖他。特别是瞬间的难以察觉的眼神，更会把人们内心的秘密忠实地揭露出来。这就要求我们在开口说话之前以及言语交谈的过程当中，善于捕捉他人眼睛的信息。同时还要善于透过他的眼睛看穿他的心，并要根据自己对对方的心理捕捉以及情绪状态及时调整自己的说话策略，把话说到他人心坎里，让他人觉得舒心而又愉悦。

四、不对他的动作习惯说"我不在乎"

一个人的情绪可以通过面部表情展示出来，也可以通过言语表达宣泄出来，但也会通过一些无意识的动作表现出来。也正因为是无意识的动作，甚至可能是他自身都不曾在意的动作，所以我们往往忽视了。

而这些在说话者自身都不曾在意的动作，才是其内心最真实的想法的流露，要想真正洞悉一个人内心，抓住对方的心说话，就一定要学会注意观察并善于捕捉他人的动作习惯。也只有在说话的过程中，有意识地捕捉他人的动作习惯才能更准确无误地洞悉他人心理，说出让对方愉悦、撼动的话，真正把话说到对方心坎里。

要做到真正把话说到对方心坎里，就需要捕捉他人的说话动作习惯，比如习惯边说边打手势的人，性格一般比较外向，果断自信，面对这种人，我们说话千万不能逞强，不要和对方较真，应当顺着对方来，满足对方的表现欲。

而说话时习惯摆弄身上饰物的人（多为女性），性格多比较内向，做事认真，情绪不外露，但一旦被激怒，却大发雷霆。面对这样的说话对象，说话一定要注意分寸，要柔和，避免敏感话题，要顾及对方的面子和自尊。

习惯摇头晃脑的人则特别自信，有时会显得有些唯我独尊，但对工作热情投入，个性比较张扬。对于这种人没有必要为其所说的某些言论在意，只需表示出你的坦诚、推崇与认同即可。

而对于那些爱好挤眉弄眼的人，则会很轻浮，并且缺乏涵养，但他们特别会处理人际关系，在工作中善于抓住机遇，从而得到领导的赏识。和这种人可以适当保持距离，而在言语交谈中，应避免重要的实质问题，不要擅自发表自己的见解，也不可谈论他人是非，以免言多必失。可以多聊些轻松话题，对方也擅长这些，比较能让其发挥，让其说高兴了，才能让自己高兴。

习惯用嘴咬眼镜腿、铅笔头或是其他一些物品的人，性格大多比较内向。比较喜欢我行我素，不受他人限制。和这类人说话应当避免比较前沿的话题，可以试探性的发问，一步步引导从而让对方打开话匣子。

而习惯用食指拢头发或把食指放在嘴唇上的人，性格比较开朗乐观，虽然遇到困难和挫折时也会感到很丧气，但能够很快地调整心态，实事求是地面对一切，积极地寻找解决问题的方法。和这类人谈话则比较轻松，但也应当记住不要谈及没有意义的弱智问题，这会让对方觉得你很矫情或者没有什么实际的能力，而这样会让对方从心里轻视看不起。

习惯用手抚摸或抓下巴的人大多比较圆滑、世故、老练。和这类人说话，则要小心，一定要深思熟虑后再开口，否则，很可能就会掉进虚假的幻影下。抚摸下巴是一种自我镇定的方法，意图是避免或克制自己感情冲动，意气用事，同时也是在思考下一步的对策，这种类型的人处理问题比其他人更客观、更理智。

肯·戴尔玛曾在《成功与行动》一书中具体指出：如果对方做出双手放松，没有用力握着，或双手张开放在桌子上，或整理桌子上的物品，或手摸下巴等动作，就说明对方对你的看法或建议是持肯定态度的。即使对方嘴上没有说赞同，心中也在赞叹"这个想法不错"。这种情况下，可以放心地进行下一步的谈话。

但如果在言语交谈中看到对方做出握拳、两手抱在脑后、手指轻敲桌子、玩笔、两手撑着下巴，或者两手置于膝上，两肘支起等动作时，表示对方对你们的谈话不感兴趣，或者至少是对这个话题、这个中心是不满意的，这时就应该及时转移话题，采取其他方式沟通了。

每个人的一举手、一投足都反映出一定的心态和性格，我们通过这些动作习惯，往往能准确有力地了解对方的性格特征和心理状态，继而练成目光如炬的透视力，从对方的心理角度出发，从而达到更好的谈话效果。

五、让他的服饰助你一臂之力

郭沫若说："衣服是文化的表征，衣服是思想的形象。"衣服在一定程度上可以说是一个人的第二语言，人可以通过衣着打扮向外界展示自己的文化素养与思想内涵。

人们之间相互接触首先引起注意的往往是服装和仪表。人的穿着打扮，不仅反映了一个人的容貌、气质和风度，也反映了一个人的素质、喜好和审美观，通过观察一个人的衣着就能窥视他的性格和心理。

而只有窥视到来自对方服饰映射的性格和心理秘密时，才能为自己谈话的话题、范围、语气奠定一定的基础，才不至于让自己的谈话不着边际，无从谈起；也不至于无话可谈，让人觉得索然无味。

相反，真正掌握住了来自对方服饰映射的性格和心理信息，把话题定格在对方喜欢的范围之内，便能迅速拉近彼此之间的距离，让对方对我们的话题产生兴趣与欣喜之意。

一般来说，穿着华丽的人，自我意识极强，表现欲也特别强烈。

如果一切顺利的话，这种人可成大器，是一种突出型的人物。和这种人说话要顺从其表现欲以及其内心对成功的渴望，多谈积极方面的因素，让他能沉浸在积极的氛围当中，畅所欲言。但喜欢穿过于华丽衣服的人，则有很强的虚荣心和金钱欲。对于这样的谈话对象，恭维肯定是少不了的。千万不要攻击其敏感脆弱的角落，即便你看穿了什么，也要装糊涂，帮其圆谎，你可是做了件在其心里再美不过的事情。

穿着朴素的人，性格比较沉着、稳重，对人真诚、热情。这种人在工作、学习和生活当中，对任何一件事情都比较踏实肯干、勤奋好学，而且还能做到客观理智。对于朴素的人，说话也应尊崇朴实简单的风格，切忌假大空的话题和内容，否则，便会给他人造成不实在的感觉，无法让人产生信任感。

同时，一个人服装色彩的选择也和个性有密切关系。任何人在选择服装时，除款式外，最重要的就是色彩因素了。所以，从对颜色的喜爱上，我们基本上就可以观察出一个人的性格。

喜欢红色的人多精力充沛，感情丰富，为人热情而奔放，和这类人说话可以适当地加快语速，变换语调，让语言灵动明快一些；喜欢黄色的人大多属于乐天派，热爱生活，身心健康，做事潇洒自如，与他们说话时要简洁明快，不要拖泥带水，否则势必会招致他们的不耐烦；喜欢蓝色的人通常性格内向，大多比较严肃和深沉，遇事能保持镇定自若，与其说话要沉稳有条理，要选择有深度的话题；喜欢绿色的人，性情比较平静，多具有积极向上的心理和青春勃发的活力，和这类人说话应当多选择乐观、阳光、脱俗的话题，运用自然清新的语言；喜欢紫色的人则多有多愁善感、焦虑不安的性格倾向，一般具有保持神秘、自我满足的艺术家气质，与他们说话特别要注重修养，切忌土语俗话，更不要对什么新奇事件发表自己不成熟的看法，这类人往往会有不同于他人的看法与想法，千万不要班门弄斧；喜欢白色的人则比较单纯，但有一定的进取心，所以和他们说话不要去讲什么深奥难懂的道理，把要说的话题或者事情简单化、具体化，这样就把问题解决了一半；喜欢黑色或灰色的人，性格比较压抑，常会把热情压在心底，办事小心谨慎，对于这类人应当选择有跳跃性的话题，激发他们的谈话欲望。

同时，我们也应当根据他人的穿衣风格与样式来进行判断识别他人的身份与地位，千万要区别对待，不能"一视同仁"，应当根据不同身份，不同人群去选择合适的话题，也只有判断清楚，对方才能对我们所说的话感兴趣，也才能有话可说。

每个人在选择服装上，总与个性脱不了干系。每个人的服装，总是和个人当时的心理活动状态有着一定的联系。所以，学会从衣着打扮看人识人，就会很容易迅速掌握对方的性格与爱好，从而提高交谈的效果。

练就对他人服饰的很好的洞察力，总是能把握住对方的性格特征，身份地位，个人情绪的实质，从而做出最妥善的说话内容以及说话方式的决定。

六、千万别拿他人不足不当回事

想要成为一个言语高手，就要深谙他人心理，看对人，说对话。察言观色，不仅要注意他人说话时的表情与动作，还应注意他人的身体特征，尽量避免对他人身体特征的敏感区域进行评论。

短处，人人都有，没有人愿意让别人攻击自己的短处，有的可能自己心理也很清楚，可是由别人嘴里说出来就让人不舒服。若不分青红皂白，一味说对方的短处，非但不能达到打动他人的目的，相反很容易引发唇枪舌剑，引起他人心理上的反感与愤怒，想要成为言语高手那更是想都不用想。千万不要只图一时嘴快而毁了言语"大计"。

"当着矬子不说矮话"，便是遵循他人身体特征原则，协调他人心理说话的一个具体体现。它告诫人们在交谈中要顾及他人自尊，不说伤害他人自尊的话。人生在世，各有所长，各有所短。若以己之长，较人之短，则会目中无人；若以己之短，较人之长，则会失去自信。这是言语交谈中尤其要注意的一点。

春秋时期，齐国宰相晏子个子不高，有一次到楚国去出访。楚国的国君故意要以晏子的矮来耍笑一番，于是吩咐只开大门旁的小门。晏子一看，便知楚王的用意，于是对门卫说道："我代表齐国出访，通常都是到大国从大门进，到狗国从狗洞进，只是没想到堂堂楚国竟然也会用狗国的礼仪来迎接我，看来我是来错了。"楚国国君本想羞辱晏子，却反过来被晏子好一顿羞辱。

我们常常说："矮男如何不丈夫"，身高矮并不是多大缺陷，更不代表在其他方面一无是处，如果紧紧抓住一个人客观条件造成的一点儿短处当小辫子，那么人人都会被抓个头仰体翻。如果我们老是把眼光盯在别人的弱点上，总是将别人的弱点当成攻击的对象，那么只会有两种结局：一是没有人再会愿意和你交谈，让你成为语言的矮子。所有人都会躲着你，避开你，直到剩下自己孤家寡人一个。二是引起他人的心理反感与愤怒，引发他人对你进行"大规模的围攻"，揭露你的短处。最后势必造成互相揭短，互相嘲笑的局面，进而发展到互相仇视。

凡有短处的人都怕人提及，这就要求我们在日常交谈中，尽可能地避免提及对方的短处。而真正能做到避及别人的短处，就需要我们有一双能真正察言观色的"火眼金睛"，真正从对方的心理角度出发。

如果通过锻炼对方也有渴望改变自己短处的心理，在一定程度上也可以善意地为对方出谋划策，使他的短处变为长处，或者使他不为自己的短处而自卑，那么，同样会得到别人的认可，而且还会因此得到别人的信任乃至感激。

千万别把他人的不足不当回事，更不要将他人的不足总放在嘴边，即使非说不可，也要变通一下再说，这是打动他人、俘获人心的技巧。会说话的让人笑，不会说话的使人跳，这就是语言的变通所能达到的截然不同的效果，也是洞悉并深谙他人心理的不同反应与表现。

七、分清楚场合环境，才能达到我们所渴望的效果

心理学原理告诉我们：在不同场合环境中，人们对他人的话语有不同的感受、理解，并表现出不同的心理承受能力。因此，我们在开口说话之前以及在言语交谈过程中，一定要分清场合，只有分清场合才能达到我们所渴望的效果，否则势必会适得其反。

比如，在小场合和大场合，家庭场合与公众场合，人们对于批评性说法的承受能力有明显的差异。人都有自尊，爱面子，通常在大场合或者公众场合中使用指责性的说法最易引起人们反感。正因为受特定人际关系和场合心理的制约，有些话只能在某些特定场合里说，换一个场合就不行。

因此，在言语交谈中，说什么，怎么说，一定要顾及场合环境，才有利于沟通，也才能达到我们想要的良好的说话效果，不顾及场合的心直口快是万万要不得的。想要达到理想的表达效果，俘获人心，应当坚持以下几个原则：

一是要在思想上强化场合意识。

有些人在交际中对人说话直来直去，惹人生气，把事情办砸，完全是主观上缺乏场合意识的结果。他们对人很诚实，遇事时往往只从个人主观感觉出发，以为只要有话就应该说，心里有什么嘴上就说什么，不管什么场合什么环境也不顾及他人的心理感受就往外捅，结果有意无意地冒犯了人。自己还莫名其妙，不知道毛病出在哪里。

有两个老工人平时爱开玩笑，几天没有见，一见面就说："你还没有'死'呀？"对方也不计较，回一句："我等着给你送花圈呢！"两个人哈哈一笑了事。后来甲因重病住进了医院，乙去医院看望，一见面想逗逗他，又说："你还没有死呀？"这一次，甲的脸一下子拉长了，生气地说："滚，你滚！"把他赶了出去。

别人正在病中，心理压力很大。他在病房里对着忧心忡忡的病人说"死"，显然是没考虑场合，怎能不反感、恼火？其实，这位老工人说这话也是好意，想让对方开开心，只可惜他缺乏场合意识，开玩笑弄错了地方，才闹出了不愉快。

其实很多时候，有些人说话之所以惹恼人，并不是不会说话，而是场合观念淡薄，头脑中缺乏这根弦，没有考虑到对方此刻的心理感受才会带来一系列不必要的麻烦。因此，应当增强场合意识，从他人心理感受出发，懂得不同场合对说话内容和方式的特定限制和要求，时时不忘看场合说话。

同时，在了解不同场合对方心理的同时，还应当把场合大小，人数多少及其相互关系搞清楚，据此确定自己的说话内容和方式。在具体说法上，既要考虑自己的交际目的，又要顾及他人的"场合心理"，追求主客观的高度一致。

二是自觉摆脱谈吐上的惯性。

很多时候有些不当的话语并不是主观上想这样说，而是受习惯的支配—不留神顺嘴流出来，造成与场合环境以及对方心理接受能力的不协调，事后也常常感到后悔。因此，一定要改掉这个口无遮拦，不思考不顾及情境与对方心理的毛病。

小李陪妻子高高兴兴上街买东西。在熙熙攘攘的商场里，妻子兴致很高，从这个柜台到那个柜台，买了这件又看那件，快到中午了仍没有打道回府的意思，小李有些不耐烦了。当妻子提出再买一件高档羊毛衫的时候，他忍不住了，生硬地说："你还有完没完，见什么买什么，你挣多少钱哪？"这句话刚出口，顾客们都朝他们身上看，妻子本来微笑的脸顿时变了样，生气地反驳道："怎么，我还没有花够钱呢，你急什么？我就要买，怎么着！"直把小李顶得说不出话来，难堪极了。接着发怒的妻子也不买了，蹬蹬地自己走出商店。使小李不解的是，妻子的性格本来很温顺，在家里从来不大声说话，更不要说发火了，说她什么都不计较，可今天她火气这么大。

很显然，是小李忽略了场合因素，把在家庭中惯用的说法拿到公众场合来，用生硬口吻指责妻子，刺伤了妻子的自尊心，才引发妻子为维护自己的面子表现出强硬的态度。

必须有意识摆脱自己口语表达上的惯性，养成顾及场合，随境而言的良好表达习惯。在言语交谈中，要把交际对象、交际场合、交际时间等多种相关因素都考虑进去，想一想如何张口，选择最恰当的方式说话，以使自己的谈吐既符合场合要求，又符合对象的接受心理，最大限度地实现与交际对象的沟通。

三是善于控制自己的不良情绪。

人们忽略场合因素,造成语言失控,还常常发生在情绪冲动之时。有的人喝酒之后或遇到兴奋的事情时,情绪十分激动,甚至忘乎所以,不能自控,便会说出一些与场合气氛不协调的话来,造成不良后果。

有个特能侃的青年,在朋友的婚礼酒席上,大侃自己的见闻,逗得人们哈哈大笑。不料他心血来潮,讲了一个新婚之夜新郎杀死新娘的奇闻。还没等他说完,新娘的脸色就变了,新郎见状也火了,不客气地把他轰了出去。这个青年的失言就是由于情绪失控造成的。

在喜庆场合卖弄自己的口才,说与场合气氛不协调又不吉利的话题,难免惹恼人。因此,在说话过程中,一定要注意自己的不良情绪,看是否会给对方心理带来不好的感受或者反应。与对方心理或者场合不相称的话一定不能说,否则,也会受到像那位青年一样的待遇。

八、保持一颗平常心

由于一般收入的人与富人之间在物质与金钱上面存在很大差距,这无形中会在彼此心理上形成一种高墙,让人觉得与富人之间存在距离感。基于这样的心理距离感,就让我们与富人之间的交谈,首先存在一定的心理交流障碍。

同时,可能还存在这样一种心理现象:总觉得富人的世界、价值观与生活方式与我们的截然不同,似乎彼此之间可以交谈的话题与材料也特别有限。

正是由于上面的这些心理，再加上对上层的富人缺乏了解，也就使得彼此之间的谈话内容变得很有限，甚至在无形中形成了与富人之间的零沟通。而且可能会有一些偏激的想法，认为和富人之间没有谈话的余地。我们就会从心里认为不能谈就不谈，反正于己也无损失。不过，假定偏巧遇上了一位富翁，而又偏偏需要交流有求于他，那我们就不能不知所措地呆站一旁，而应该设法让谈话愉快而又顺利地进行。

其实，就算存在差距，只要掌握了彼此交流时的心理状态，也可以与富人之间有一个愉快的交流。这就要我们首先从心理上消除恐惧心理，对对方进行一番仔细的"察言观色"，便能顺利找到彼此之间能成功交流的通道。

当遇到富人时，可以从其比较骄傲自豪的事情说起，能满足其内心自尊自强的心理，但又切忌谈及假大空的话题，设法让他说往事，可以谈谈过去的工作是否比现在更有趣，他摸爬滚打到现在这个地位的关键是什么，谁是早年助他成功的英雄，当年的老板是否使他紧张，他的百万财富是不是他自己创造的，以及他怎样赚到他的第一桶金。如果这些问题问得他不大自在，那就跳到其他问题。不要老追着一个问题刨根到底，那会使彼此很不愉快。

如果他不愿意打开他的记忆之门，那就问他的工作时间，问他如何承担那么重大的责任，问他爱好哪些休闲活动，以及怎样布置他的办公室。对于比较有成就感的人而言，更细节的话题一般都能引起他们的好感。无论谈创业，谈工作，还是谈生活，态度一定要不卑不亢。过于谦卑，只会让他人觉得自己是在恭维对方，对于听惯恭维话的人来说，最反感的就是这个。而既不放肆又不过于谦卑的说话态度，会给他带来不同于以往的新鲜感，会从内心深处尊重与认可我们。这也就会为下面谈话的继续奠定基础。

同时，在与富人交谈时，我们不宜向其在某一方面要求提供免费的建议。即使我们的问法很有技巧，那也是一种冒犯，而且不管问得多有技巧也瞒不过他在某一方面的专业水平。男人常喜欢在交易场合和律师谈他们的敌手之间的问题，女人则喜欢在公共场合和医生谈她们的孩子和丈夫。

对富翁们事业上的意见，以尽量避免为宜，如果确实有提出的必要，不妨这样表白意见：这次能认识您，真令人高兴，我有一个困扰很久的小问题，我想您也许能解开我的迷惑。我发现有些公司生产的酱油瓶盖很难打开，我奇怪何以要封得那么紧呢？你所表达的是同一个意见，但其中有很大的不同。这种表达的方式，既显示出对问题的关切，又未指名道姓地说出是他的产品。你请他解答你的迷惑，你的立场是消费者，是外行人，而他是非常能干的大富翁，他会很乐意答复你的问题，因为你是他的听客，不是向他来挑战的。当和银行家、鞋店老板或任何孩子的母亲谈话时，均不宜过分直率。坦率是无可厚非，但适当的含蓄更值得学习。

说话不是竞争，不是斗嘴。商人把时间和金钱都投资在他的事业之中，并与其他的同行竞争，这是他们为生存所付出的代价，其中有些人发达起来，有些人奋力维持。如果他们遇见一位能不卑不亢谦虚而又谨慎和他们交换意见而没有敌意的人，他们会觉得幸福和快慰，如果你能发现他们引以为荣的地方，以及他觉得有成就和有价值的地方，那么，他在你的眼前会开花结果，你们就能建立很好的友谊。

总之，和富人说话，无论谈及什么，均应保持一颗平常心，不卑不亢，他们也有着和普通人一样的喜好。只不过要在态度上严谨一些，不知道的千万不能信口开河，让他人笑话，觉得不实在，继而就失去对我们的第一好感。态度上谦虚而不谦卑，语气上尊敬而不恭敬，把自己的心态放正，才能让对方真正喜欢听我们说话。

九、与老人交谈，多把"请教"挂嘴边

不听老人言，吃亏在眼前。这句中国老百姓耳熟能详的俗语，无不是人们对老年人智慧的肯定，与老年人交谈他们往往能给我们许多人生体验和启示。所谓老人的智慧，通常都是在与他们的谈话中体会到的。

但是仔细观察就会发现，喜欢与老年人交谈的青年，甚至中年人都很少。很多人都埋怨老人说话啰唆，或者认为没有共同话题，或者认为他们思想保守，不愿和老人交流，就算交流也常常是带着情绪，最终弄得不欢而散，殊不知错过了分享老人智慧和经验的大好时机，以后就算有什么事情真要请教，老者也不愿心甘情愿的告诉我们。

同时，就算有些人愿意去和老人交谈，但由于没有摸准对方的心理与情绪状态，很多时候并不能达到自己所渴望的相谈甚欢的状态。首先，这就是一种进行自我否定式的畏难情绪。

通常情况，人们常常会觉得很难跟比自己年长30岁以上的人谈得来的。30年的确是一段很长的时间，而且由于这种时间上面的差距，彼此之间的生活方式、兴趣爱好、教育程度、社会风俗以及思想观念也随之都可能发生剧烈的变化。

看似彼此相距甚远，沟通起来有代沟。但其实只要掌握了处于对方这个年龄阶段的心理与特点，再多一些同情和了解的话，就可以产生良好的交流、融合作用。

老年人多半喜欢追忆往事，基于这样的心理，如果能引导他谈谈自己的过去，不但对他是一件很快乐的事，也会迅速拉近彼此之间距离，消除彼此之间的陌生感。同时对我们也是一个难得的学习与增长见识的机会。能够听到一个人亲口告诉你30年前，或是50年前的事情，这是十分难得的事情。经过时间的淘汰和岁月的流逝，那些仍然深刻地留在老人们心中的，多半是一些印象深刻而生动有趣的故事。

同时，有些老年人生命力还相当旺盛，仍然关心着现在的社会，对报纸上的新闻仍然产生着浓厚的兴趣。因此与他们谈论这些，会很大程度地引发他们的交谈欲望，增强他们的兴趣。同时，经常与他们交谈，不仅能迅速增强彼此之间的交流，也能增强我们对世界对人生的不同见解与认识。另外，谈论这些话题时，最好是让他们把现在的事情和过去作个比较，让我们从中感悟些东西。

基于老年人的心理与年龄特点，年轻人在与老人谈话时应了解老年人以上的这些特点，应当常常把请教二字挂嘴边。从老年人的心理特点出发，多谈论老年人感兴趣的话题，激发老年人的谈话欲望，并做好充分的聆听准备，相信我们不但能与他们有一个很好的沟通与交流，也一定会听到很多让我们受益匪浅的见解。下面就是几种比较受老年人欢迎的谈话方法：

其一，从老年人光荣的历史谈起。例如，谈谈老年人过去得到的荣誉、老年人最喜爱的纪念品、老年人最清楚的历史事件等。

其二，从老年人感触最深的话题谈起。例如，老年人的经历和今昔对比、老年人过去唱过的歌、老年人的日记或他们所读过的书等。

其三，从老年人最关心的问题谈起。例如，老年人的衣食住行、老年人的保健及体育活动等。

其四，从老年人最尊敬和最关心的人谈起。例如，老年人所尊敬的爱国英雄、无产阶级革命家、他们的老上级、他们的老师等。

与老年人谈话，要有耐心，常把"请教"挂嘴边，我们一定会听到不一样的人生。

第二章 倾听定律：
尽力用心去听,就能听到信任、支持和力量

　　说话是一个双向过程,我们所说的很重要,但对方所说的同样重要。只有真诚有效地倾听对方,让对方找到认同与尊重,才能使下面的交流过程更顺利有效地进行。同时,通过倾听他人,能更有效地获取对方的有效信息,有利于我们组织编排下面的语言与话题。

一、竖起聆听的耳朵让他人一次说个痛快

每个人作为一个独立的个体存在,渴望被尊重,也渴望个人价值得到认同。因此,在言语交谈中,人们都喜欢自己说,而不喜欢一味听别人说话,相对于听别人说话,人们更喜欢谈论自己的事情。

这源于一种心理状态:一个人作为一个独立的主体,做事常常会喜欢从自我的角度出发,其实他最喜欢的是他自己而非别人,最爱谈论的也是自己,比起谈话时听别人说话,更喜欢口若悬河地向别人讲自己的事。

其实还有另外一种人就是不是很健谈的人,心理活动比较复杂,情绪变化较大。由于沉默寡言,不开心的事情不愿讲出来,许多烦恼的情绪都被理智积压在心中。有了什么高兴的事情,也不喜形于色,不愿与人分享,也埋藏在心中,表面上看起来不动声色,坚强沉着,内心活动却很激烈。

一旦遇到一次宣泄的机会,就会滔滔不绝,渴望自己内心的声音能真正得到对方的倾听。而我们作为对方的谈话对象,这时也千万不能打断他,我们所需要做的事就仅是静静地听。同时言语交谈中,只有在尊重对方的基础上,认真地聆听他人所说,才能让对方那颗渴望诉说的心真正得到放松,也才能有效引发他人的话题,获得他人的信赖与好感。而如果只是自顾自地表达,很有可能造成交流的障碍,更有甚者会造成双方的冲突和矛盾。

卡耐基曾经到欧洲演讲,从欧洲回来之后,一天,卡耐基的朋友邀请他参加桥牌晚会。在这个晚会上,只有卡耐基和另外一位女士不

会桥牌，他俩坐在一旁就闲聊上了。

这位妇女知道卡耐基刚从欧洲回来，于是就对卡耐基说："啊，卡耐基先生，你去欧洲演讲，一定到过许多有趣的地方，欧洲有很多风景优美的地方，你能讲讲吗？要知道，我小时候就一直梦想着去欧洲旅行，可是到现在我都不能如愿。"

卡耐基一听这位女士是一位健谈的人，如果让一位健谈的人很久地听别人说话那就如同受罪，心中定是憋着一口气，要么会不时打断你的谈话，或者对你的话根本毫无兴趣。他明白这位女士想从自己的话中寻找一些契机好帮助她能够开始自己的谈话。

卡耐基刚进晚会时听朋友介绍过她，知道她刚从南美的阿根廷回来。阿根廷的大草原景色秀丽，到那个国家去旅游的人都要去看看的，并且都有自己的一番感受。

于是他对那位女士说："是的，欧洲有趣的地方可多了，风景优美的地方更不用说了。但是我很喜欢打猎，欧洲打猎的地方就只有一些山，很危险的。就是没有大草原，要是能在大草原上边骑马打猎，边欣赏秀丽的景色，那多惬意呀……"

"大草原"，那位女士马上打断卡耐基的话，兴奋地叫道，"我刚从南美阿根廷的大草原旅游回来，那真是一个有趣的地方，太好玩了！"

"真的吗，你一定过得很愉快吧。能不能给我讲一讲大草原上的风景和动物呢？我和你一样，也梦想到大草原去的。"

"当然可以，阿根廷的大草原可……"那位女士看到有了一个倾听者，当然不会放过这个机会，滔滔不绝地讲起了她在大草原的旅行经历。然后在卡耐基的引导下，她又讲了布宜诺斯艾利斯的风光和她沿途旅行的国家的风光，甚至到了最后，变成了她对自己这一生去过的美好地方的追忆。

卡耐基在一旁耐心地听着，不时微笑着点点头鼓励她继续讲下去。那位女士讲了足足有一个多小时，然后晚会就结束了，她遗憾地对卡耐基说："卡耐基先生，下次见面我继续给你讲，还有很多很多呢！谢谢你让我度过了这样一个美好的夜晚。"

卡耐基在这一个小时中只说了几句话，然而，那位女士却向晚会的主人说："卡耐基真会讲话，他是一个很有意思的人，我很乐意和他交谈。"

卡耐基并没有说什么，只是用他认真聆听的耳朵就博取了那位女士的好感，他明白那位女士包括很多人并不想从别人那里听到些什么，很多时候人们所需要的仅仅是一双认真聆听的耳朵。也正是了解并基于这个心理情绪状态，卡耐基采取了用聆听的耳朵去换取对方好感的绝妙方法；也正是如此，卡耐基不费口舌就为自己赢来了旁人费力博取的好感。

无论是健谈者还是倾诉者，想做的事只有一样：倾诉。那我们就应顺从对方的这一心理，竖起自己认真倾听的耳朵，引导他人将心里所想表达的一切全都讲出来。只有让他人说痛快了，对我们的好感与愉悦之情随之也就紧跟而来。以后他人会更喜欢听我们说话，也会乐于听我们说话。反之，如果我们自以为是，卖弄口才，堵住他人的嘴巴，那只会赢来打哈欠以及厌烦的表情。

二、不做对话中的"麦霸"

任何一个人都不喜欢被他人强迫着去做事或者接受意见，相反人们都喜欢按自己的心愿去买东西，或是按照自己的意思去做；同时，喜欢有人来征求我们的意见、愿望和想法。如若只是把对话的麦克风牢牢攥在自己手里，那我们不会有美妙的时刻，也不会有一个好的轻松的结局。

韦森先生在没有研究人类关系学之前，损失了无数应该获得的佣金。韦森是一家服装图样设计公司的推销员，他几乎每星期都去找纽约某位著名的设计家，这样已经有三年的时间了。然而，每次这位设计家也不拒绝见韦森，而且还总是把韦森带去的图案仔细看一遍，但就是不买。

经过了一百五十次的失败后，韦森觉得自己必是过于墨守成规。所以他决定每星期利用一个晚上的时间，去研究一下人际关系的法则，以帮助自己获得一些新的思想，产生新的热诚。

不久，他决定采用一种方法：他拿了几张那些设计家们尚未完成的图样，走进那位买主的办公室。这次，他并没有像往常那样请求买主购买这些图案，而是请求设计师提出自己的意见，然后把它完成。设计师把草图留了下来，让韦森三天后去找他。

三天后，韦森又去他那里，听了建议后，把图样拿回去，按照那位买主的意思画完。这笔交易结果如何？不用说这位买主完全接受了。

那是九个月以前的事，自从那笔生意完成后，这位买主又订了十张图样，都完全是照着他的意思画的，韦森就这样赚了一千六百多元的佣金。

韦森过去失败的原因就是没有照顾到对方的心理，总是强迫设计师买他认为对方需要的图样。现在韦森所做的，跟过去就完全不一样。韦森尊重设计师的想法，请设计师提供自己的意见，使设计师觉得那些图样是自己设计的。现在韦森不用要求他买，他自己也会来向韦森买。

每个人都是一个渴望得到别人尊重与认可的个体，只有这种心理得到满足与实现之后，才可能让他人真正的感到价值的实现获得被认同感。言语交谈中，如果强把主动权揽在自己手里，不给他人说话的机会与余地，根本就达不到我们想要实现的愿望与结果。做对话的麦霸，其实就是给自己安置了一个定时炸弹，随时能把自己之前所做的努力毁于一旦。

长岛有一位汽车商，用了同样的方法，把一辆旧汽车，卖给了一对苏格兰夫妇。过去这位汽车商，把汽车一辆又一辆地给那位苏格兰人看，但他们总是认为有问题，不是嫌这辆不合适，就是嫌那辆什么地方有了损坏，再不就是价钱太高。

同事建议他，别强迫那种意志不定的人买他的汽车，要让他自己来买，也不必告诉他要买哪一种牌子的汽车。总之，要让他觉得这是他自己的意愿。

几天后，有一位顾客想把他的旧汽车换一辆新的，那汽车商就想到了那个苏格兰人，也许他喜欢这旧式的汽车。于是他打了个电话给那个苏格兰人，说是有个问题想请教他。

那苏格兰人接到他的电话后，马上就来了。汽车商请他帮忙评估一下车子的价格。那苏格兰人听到这些话后，满面笑容，终于有人来请教他，有人看得起他了。驾着这部车子兜了一圈，回来后他建议商人以三百美元买进这辆车子。

于是汽车商问他愿不愿意以三百美元的价格购买这辆车。他当然愿意，因为这是他的意思、他的估价。所以这笔生意立刻就成交了。

人与人之间渴望理解也期望得到尊重和认同，这一向是人际沟通当中最重要、最容易被忽略的关键。每个人都有自己既定的立场，也因此而习惯于执著在本身的领域当中，紧握话语的主动权，却忘了别人也和自己一样，有着他固执的一面，也渴望在对话中居于主宰地位，渴望得到表达自己的想法与意见的权利。如若这人与人之间交谈最基本的因素都不能给予对方的话，那想要说好话便无从谈起。

因此，在与他人的交谈过程中，一定要照顾对方的心理诉求，不能仅从自身的利益与角度出发,更不能做对话中的麦霸。而应当多聆听对方的声音,让对方也有表达自己的机会,这样才能达到双方完美和谐交流的实现。

三、将回应进行到底

在与他人交流的过程中,基于对方渴望尊重表达自己的诉求,我们应当做到善于聆听,但聆听也有一定的准则。倾听,不只是要求专心地听,还伴随着要积极地回应对方,让对方真切感受到我们对其所谈及的话题很感兴趣,我们是认真地在听。这样的鼓舞与尊重,能让对方从心理上更放松、更真实、更详尽地将心中想说的话一股脑儿全说出来。

说话交流是一个双向的过程,即便一个口才完美、表现欲很强的人,如果让他对着一块冷冰冰的石头侃上半天,大概没有几个人能做得到。俞伯牙的琴音美妙,但需要钟子期这样的知音来欣赏,人们在与他人交流的时候,内心同样期盼自己的话语与心声能够得到一位"钟子期"来聆听、理解、欣赏、共鸣、回应。有唱有和,会让对方心理上得到认同感,说话的人也才会更有热情,这样对话才能越谈越深,越谈越欢。

汤姆:"我觉得,上学真是无聊透顶。"

父亲:"你对上学有很深的挫折感。"

汤姆:"没错,学校教的东西根本不实用。"

父亲:"哦,你觉得读书对你没什么用?"

汤姆:"对,学校教的那些东西不一定对我有用。我有一个初中同学,他初中毕业后就去学修车,现在修车技术一流,我觉得,那都比我读书实用。"

父亲:"你觉得他的选择正确?"

汤姆:"唔,从某个角度看,他现在收入不错,可是几年后,或许会后悔吧。"

父亲:"你认为将来他会觉得当年做错了决定?"

汤姆:"一定会的,现在的社会,教育程度不高是会吃亏的。"

父亲:"你觉得教育还是很重要的。"

汤姆:"对,如果高中都没毕业,很难找到工作,也上不了大学,有件事,我有些担心,我告诉你,你不会告诉妈妈吧?"

父亲:"你不想让妈妈知道?"

汤姆:"不是啦,跟她说也不是不可以,反正她迟早会知道的。今天学校进行一次阅读测验,结果我只有小学程度,可是我已经高二了!"

父亲:"我想,也许你可以上上补习班加强阅读能力。"

汤姆:"我已经打听过了,上那种补习班每星期都要耗掉好几个晚上。"

父亲:"补习花的时间太多了。"

汤姆:"而且我答应了同学,晚上有其他的安排。"

父亲:"你不想食言。"

汤姆:"不过补习真的有效,我可以跟同学商量一下,尽量取消我们的安排。"

父亲:"你其实很想下点工夫,又有些担心补习没用。"

汤姆:"你觉得会有效吗?"

父亲:"我想你努力后会有效。"

汤姆:"那好,我可以去试试。"

面对厌学的汤姆,父亲没有掺杂自己的个人情绪,也不阻止孩子的倾诉,而是全身心地聆听孩子的诉说。亦步亦趋地重复孩子所说的话的要点，也就在父亲的倾听与附和声中，汤姆一步步敞开了心扉，跟父亲谈起了自己内心的困扰，谈起了自己的计划与想法。最后，汤姆自己做出了决断，要参加补习班，努力把成绩提高上来。

伴随对方渴望认同的说话心理，我们在谈话中应当给予充分的回应。除了这种附和式的回应，迎合对方的说话心理我们还可以通过很多方式给出积极的回应：

（1）做一些微妙的小动作。在对方说话时，我们可以慢慢地点头，或者与对方时不时来一次目光接触，或者送上一个真诚温和的微笑，这些动作能体现出我们的郑重、专心、赞赏、鼓励，对方很容易感受到。

（2）适时地做一些引导。在对方讲述的过程中，他们稍稍停顿下来的时候，我们可以见缝插针，来一句"然后呢"、"后来怎么样了"、"快接着说"、"你到底是怎么应付的"等，引导对方继续说下去。

（3）不时发表一两句感慨与总结。当对方讲起某件事情或消息时，我们可以将自己的感受简单说出来，还可以帮对方总结一下刚刚说过的那些话，例如，"你讲的这件事好有趣啊"、"真不简单"、"真不敢相信"、"你刚才说……这事是真的吗"等，对方听着我们的感受，看着我们融入其间的神情，内心的表达欲会被大大地激发出来，谈兴自然也会更加浓厚。

这些积极的回应方式都很简单，但是只要运用到对话中去，效果就是明显的也是奇特的。将回应进行到底，不仅能让对方心理上得到认同，同时也会在对方心理上形成一种无形的吸引力，能让对方不由自主地打开话匣子，不亦乐乎地与我们对话，喜欢和我们说话，从而达到我们想要的目的。

四、听，就要听出弦外音

听，光听进去还不行，还必须学会听出来，听懂听明白对方所要表达的意思。也只有听出对方真正所要表达的意思，才会让对方在心理上认同彼此有共同话题，也才会形成吸引力，引导对方继续把话说下去。

汉语的语言艺术博大精深，一层意思可以根据不同的情况有多种不同的说法，很多不太好明说的时候通常以话中话、弦外音的方式表达出来，这就要求我们心领神会并迅速作出反应，让对方迅速地接收到我们的信息，然后才能具体作出回应，使谈话或者彼此之间的计划得以顺利进行。

历史上的很多重大事件或者计划，特别是商谈合作，动辄会全盘皆输，甚至会赔上身家性命。因此，这种在摸不清对方态度不了解对方真正心理想法的情况下，彼此之间就常常会以话中有话的方式来进行。而这时就需要具备了解对方心理的意识，并能准确判断透露对方内心真实想法的弦外之音。

当自己拿不准对方态度而又无法轻易开口行动的时候，最好不要直言相求或者否定对方，可使用投石问路法，先摸情况，再决定下一步行动也不迟。而在探寻的过程当中，一定要仔细听对方的回答，并要认真品味对方的话语，以便能及时而又准确地接受对方话语间流露的信息。

东汉光武帝刘秀的姐姐刘黄刚刚死去丈夫，情绪低落，十分忧伤。刘秀担心姐姐忧坏了身体，有意在大臣间选一位如意郎君，为姐姐牵线搭桥。

刘秀的姐姐看中了一名叫宋弘的大臣。一天，刘秀接见宋弘。他弯着腰对宋弘说:"俗话说:'富易交,贵易妻。'人富了要换一批新朋友;地位显赫了就另娶门第高贵或年轻美丽的妻子,这是人之常情嘛!"

宋弘正色说道:"我听说'贫贱之交不可忘,糟糠之妻不下堂。'就是说贫贱时的朋友永远不能忘记,贫贱中共患难的妻子永远不能分离。"

刘秀听后,称赞了宋弘一番,十分后悔,再也不想在他身上打主意了。

皇帝的姐姐相中了有家室的大臣,这自然令皇帝颇为难。如果直接询问,倘若对方予以拒绝,自己的面子也过不去。于是,刘秀采用了先引俗语试探,得悉了宋弘在婚姻问题上的看法,从中推知他肯定不会同意姐姐的要求,于是也就不再追问了。

有些时候,当人与人之间的交谈在彼此之间的心理契合程度还没有达到一定的水平时,就需要双方都具有一定的说话技巧,善于听对方的弦外之音,才能在击中与契合对方心理的基础上,更完美、更艺术地把各自的意思表达出来。

话中话,弦外音的说话艺术在我们平常的人际交往中也经常遇到,会说固然可喜,但更要会听,只有听准了对方的弦外之音,才能按话接话,才能不会枉费他人的一番良苦用心,让谈话进行下去。同时,准确无误地听取他人的弦外之音,也会建立他人对我们的认同感,觉得与我们有共同语言,拥有共同性,也为以后的交往埋下了伏笔,否则就真成了对牛弹琴了。

五、会听更要会"接"

善于辞令的人,一般都能够顺势接过别人的话题,并巧妙地借助别人的某一话题,进行发挥,引出另一个听者未曾预料到的新思路,以表达自己要说的话。

要想把话说得漂亮，除了会听别人说话，善于分析，快速了解说话者的心意外，还要善于顺着对方的意思巧妙地接上话茬，将话说到对方的心坎里去。

他人在表达自己的意见时，如果听者十分热心地听，便会非常起劲而且更加投入。如果听者非但不耐心，还总是提出相反的意见，说话者的情绪便会受挫，并且丧失继续说下去的兴趣。

对方讲得正确，理应不持任何异议地赞成到底，使其心情愉快地讲完，这时候可以说："你的意见完全正确，合情合理，我如果站在你的立场上，想法也会和你完全一样的。"

如果听到他极端的或反道德的想法时，也不妨以"您说的不无道理"之类的话附和，先表示接受对方的意见。这样能让对方的心理在接受程度上得到一个缓冲，不至于过强过硬。绝对不要提出"您的想法错了"或"我还有另一个办法"等反对的意见或忠告，这样势必会挫伤对方的自尊心，也打消对方继续讲下去的欲望。

反之，对对方的任何意见都表示一致、赞同，对方便会从心理上认定自己所说的全是对的，而一直心情愉快地敞开心胸说话，无意中必定会泄露出我们真正想听到的话。

注意倾听他人说话，不仅是对他人的尊敬，还可以更好地注意到他人的言谈神色，判断出他人的心理活动，说话的时候就可以有的放矢，顺利地接过对方的话茬，使谈话轻松愉快地进行下去。正所谓知己知彼，百战不殆。

汉高祖刘邦建国的第五年，消灭了项羽，平定了天下，然后论功行赏。在这个时候群臣彼此争功，吵了一年都无法确定。刘邦认为萧何功劳最大，就封萧何为侯，并且也封给了他最多的封地。

但是部分大臣心中不服，议论纷纷。在封赏勉强确定之后，众人对席位的高低先后顺序又起了争议，说："平阳侯曹参身受创伤七十余处，而且攻城掠地，功劳最大，应当他排第一。"因此在席位上刘邦难以再坚持，但他的心中还是很想将萧何排在首位的。

这时候关内侯鄂君揣摩出刘邦的意图，他机灵地挺身而出，上前说道："群臣的决议都错了！曹参虽然有攻城掠地的功劳，但这只是一时之功。皇上与楚霸王对抗五年，常常丢掉部队领地四处躲避，而萧何却源源不断地从关中派兵填补战线上的漏洞。楚、汉在荥阳对抗了几年，军中每每缺粮，都是靠萧何转运粮食补给。再说皇上有好几次逃到山东，都是靠萧何保全关中，才能接济皇上，这才是最大的功勋啊。如今即使少了一百个曹参，对汉朝又有什么影响呢？我们汉朝也不必靠他来保全啊！为什么你们认为一时之功高过万世之功呢？我主张萧何第一，曹参其次。"刘邦听了，满心欢喜，高兴地宣布说："好，萧何排在第一，可以佩剑入朝，上朝时也不必急行。"

关内侯鄂君善于揣摩汉高祖刘邦的心意，巧妙地接过话茬，说出了令皇上高兴的话。即遂了皇上的愿，又为自己的仕途添加了一个砝码。最后，关内侯鄂君也因此获得了更多的封地，被改封为"安平侯"。

要提高说话的水平，就要努力学会掌握快速了解听者心理的方法，并在了解的基础上巧妙地接过对方的话题，促进话题的不断跟进，切入对方心理，才能得到自己想要的结果与答案。只有善于接话的人才能轻松地与人交谈，不会出现一方在唧唧呱呱地说个不停，另一方却不知该如何搭话的尴尬场面。也只有做到如此，才会让对方心理真正愉悦，喜欢和我们说话听我们说话，真正地吸引对方。而运用这种技巧要根据具体场合，要善于敏感准确地捕捉住眼前的事物进行发挥。

六、从他人角度说话也是一种聆听

对于一些事情，我们很难用简单的对与错来衡量。看问题的角度不一样，结果也就不一样。这运用到具体的说话过程当中，就要求我们要充分考虑对方的心理情绪与感受，要了解对方处于怎样的心理状态当中。只有做到如此，才能把话真正说到对方心坎里。反之，毫无顾忌、口无遮拦地乱说一通，很有可能会招致对方的厌恶甚至痛恨。

这涉及具体的说话过程当中就是当一个人面对严重的难题时，如果他能够从别人的角度来看待事情，照顾到对方的心理的话，原本疑惑不解的问题可能就会变得豁然开朗，他的说话方式也会自然地改变，那也就会有不一样的说话效果。

在我们身边，常常会有这样的事情发生：一些事即使他人真的错了，也不去承认。在这种情况下，责备是没有用的，甚至会起相反的作用。而应该试着去了解他人这么做的原因，从他人的心理角度分析一下原因，也许我们就会改变自己的想法，继而也就改变自己的说话方式，也就会相继产生不一样的结果。探寻出其中隐藏的原因来，才能了解他的个性，这才是解答他的钥匙。

肯尼迪·古迪在《怎样让人们变成黄金》中说："停下来，用数秒的时间比较一下，你是如何关心自己的事情和关心他人的事情的，就会理解，别人也和你一样。而一旦你掌握了这个诀窍，你就会像罗斯福和林肯一样，拥有了做任何事的坚实基础。总之，和别人相处的关系怎样，完全取决于你在多大程度上替别人着想了。"

古拉得·力伊帕在《进入别人的内心世界》一书中也指出："把

别人的感觉和观念与自己的感觉和观念置于相同的位置,并把它表现出来,这样谈话的气氛就会融洽起来。当你在听别人谈话时,要根据对方心理的真正想法与意思来准备自己将要说的话,那样,由于你已理解和认同了他的观点,就会让彼此在心理层面上达到一致并可获得一定程度的认同,他也就会理解和认同你的观点。"

多年来,罗克常到离家不远的公园中散步和骑马,以此作为消遣。罗克非常喜欢橡树,所以每当看到公园里一些树被烧掉时,他就十分痛心。这些火差不多都是由到园中野炊的孩子们造成的。有时火势很凶,必须叫来消防队才能扑灭。

公园的角落里有一块牌子,警告人们不要在公园玩火,违者罚款。但由于牌子在角落里,很少有人看见它。公园里有警察,负责骑马巡逻,但他对自己的工作不太认真,火灾仍然时常发生。

有一次,罗克又看到公园失火,就急忙跑去告诉警察快叫消防队,可没想到警察却说那不是他的事。罗克非常失望,于是以后罗克再到公园里散步的时候,就担负起了保护公园的义务。当他看见树下起火时就非常不快,急忙上前警告那些野炊的孩子们,用威严的辞令命令他们把火扑灭。如果他们不听,就会恐吓要把他们交给警察。就这样,罗克只是按照自己的想法去做,只是在发泄自己的情感,全然没有考虑孩子们的感觉。

结果呢,那些儿童怀着一种反感的情绪暂时遵从了。转过身去的时候,他们又生起了火堆,并恨不得把整个公园烧尽。

随着时间的推移,罗克逐渐懂得了与人相处的道理,也懂得从别人的角度来看待问题。于是他不再发布命令,甚至恐吓。而是说:"孩子们,玩得高兴吗?你们在做什么晚餐?我小时候,也很喜欢生火,直到现在我仍然很喜欢,但你们知道在公园里生火是很危险的吗?我知道你们几个会很小心,但别的孩子就不一样了。他们来了也会学着你们生火,回家的时候却又不把火扑灭,这样就会烧掉公园里的所有树木。如果我们再不谨慎的话，我们就不会再看到这里的树木了。因为在这里生火，还有可能被警察抓起来。我不干涉你们的兴致，我很愿意看到你们开开心心的，但我想请你们在离开时，把火用土埋起来，并把火堆旁边的干枯树叶拨开，好吗？你们下次来公园玩时，可不可以到山丘的那一边，就在那沙坑里取火，那样就不会有任何危险了。多谢了，孩子们，祝你们玩得快乐。"

这样的说法，产生的效果可好多了！孩子们听了之后都非常听话，而且很愿意接受和合作。

哈佛商学院特哈姆说："在与人谈话前，我情愿用两个小时的时间在他的办公室前的人行道上散步，而不愿在还没有清晰的想法，不知该如何说，并且不了解对方，没有充分准备答案的情况下，直接去他的办公室。"

如果能按照对方的观点去想，从他人的立场看事，从他人的心理角度说话，他人就会乐于接受，并会深爱你的说话方式与语言，或许会成为自己一生中一个新的里程碑。从他人的角度出发，站在别人的立场来说话，其实也是一种对他人真诚倾听的方式，让他人在我们这里获得被尊重与认同感。

认识别人，被别人认识，认识自己，用一颗真诚的心可以将三者统一。把自己放在他人的立场上，认识他人，按照这个思路或者方式去说话，也许不需要华丽的语言，你的语言也会充满力量。

七、让攻其不备的问话做有效倾听的催化剂

与人交谈，我们不仅是一个交流者，还应当是一个倾听者。只有认真而又有效地去倾听，才能对对方信息进行筛选，分辨出真伪，探

寻到对方内心的真实想法，也才能为我们组织下面的话题或者语言准备契机。

而在这个有效倾听的过程中，有时候对方会在心理上刻意或者无意给我们造成错误的视听感受，这就还需要我们学会识别，不只是一味接收，也应当学会用恰如其分攻其不备的问话来探寻出对方内心的真实信息。

听对方说话可以了解听者的心理与情绪状态，但是，要想对方说的话是你想探听的，还需运用技巧，诱导对方说出你想听的话来。但要想通过提问获取对方内心最真实的有效信息，达到快速了解听者的目的，也需要一定的方法，我们不妨从以下两个方面入手：

一方面，根据自己的目的，巧妙地设问，一环扣一环，使对方对提问一个个进行回答，从而根据答语来了解对方。我们不妨运用多重设问的方式，因为运用设问的方式可以让对方快速说出我们想听的话，从而快速了解听者。著名的教育艺术家、演讲家李燕杰就是采用了这种方法，通过提问，让学生对自己早已设计好的问题进行回答，然后再从他的回答中了解他，进而达到说服的目的。

另一方面，就是顺着说话者的思路，抓住他的话题，巧妙地反问，让对方将问题讲得深入从而达到了解听者心理的目的。

近年来"谈心"一类的电台或电视节目非常受欢迎。有一位心理学家应邀在这类节目中担任心理指导师，这是件吃力不讨好的工作，这位专家必须在有限的时间内，根据对方的言论给予适当的劝告或指点迷津，但假如言之有失，就会被对方斥责，甚至追加罪名。

然而，这位专家却在听众中颇有口碑，赢得许多听众的好感，许多人都希望与他坦诚地交谈。而他成功的秘密就是能够迅速地从对方的话语中捕捉出其内心一些真实的想法。他说："在交谈中，对方说出似乎有些异常的话时，要马上用这些异常的话来反问对方，使对方对自己的想法进行深入的介绍，这样就可以探出对方的真意了。"

有一次，一位妇女来参与这个节目，他们谈的主要话题是这个妇女的丈夫经常夜不归宿的问题。一开始，这位妇女举出很多她认为丈夫夜不归宿是因为有外遇的理由，随后，她突然冒出一句："为什么只有男人可以这么做，却不准我们女人这样做……"

这位心理专家马上反问道："'只有男人'这话什么意思？"

这位妇女当即歇斯底里地说："不，说这种男人对爱情不专是男人有魅力的表现，是陈旧的观点，我也很想这么做，也想背叛他……"

专家又反问道："虽说是陈旧的观点，那你认为现代女性应当水性杨花好吗？"

她思忖了一阵，答道："不是的！不是这样的！不是爱情不专这件事好或不好，而是我讨厌他老跟我撒谎……"

心理专家又问："那么不撒谎，坦白对你说出来就可以原谅吗？你觉得这种爱情不专的做法好吗？总之，你可不能因为丈夫这样做，自己也想去试试爱情不专的行为……"

听完专家的这番话，这位妇女羞涩地承认了自己想法的荒唐。

这位心理专家敏捷地抓住了"只有男人……"这句话，引发对方道出自己内心深处的欲望——想去试试爱情不专的举动和念头。上述的这种反问技巧，在与初次见面的人交谈中也是相当有效的。

不管是从自己的目的出发设计问题来发问对方，还是从对方的话语中发现问题来反问对方，两种方法都是深入了解对方心理的方法，也是在具体的倾听过程中获取对方心理准确信息的有效方法。通过有针对性的一问一答，问题很快就暴露出来，借此，可以深入透彻地了解对方心理。在此基础上，"量体裁衣"，对不同的人说不同的话，才能达到高水平说话的效果。

第三章 赞美效应:
溢美言辞,让人如沐春风

赞美天生有一种魔力,能拉近人与人之间的距离,扫除彼此之间的交往阻碍。而恰到好处,新鲜奇特,貌似不经意的赞美更能愉悦他人,打动人心,给人以美的感受。

一、有创意的赞美更让人受用

赞美的话人人都喜欢听，但陈词滥调或者不着边际的赞美只会让他人心理无比厌恶，因此赞美的话也得有新意才成；只有用有新意的赞美才能真正赢得他人心理的好感与喜悦。

赞美他人就是希望能让听的人心理高兴，而有创意的赞美更能让人内心一震，让人受用。因此，赞美也是一门艺术，提升我们的说话能力，就需要修炼自己的赞美能力。

一位将军听到别人称赞他美丽的胡须便大为高兴，但对于有关他作战方式的赞誉却不放在心上，这种心理想必每个人也都曾遇到过。肯定不少人赞美过这位将军的英勇善战及富于谋略的军事才干，但是他作为一个军人，不论在这方面怎样赞美他，也只是赞歌中的同一支曲子，不会使他产生自豪感。然而，如果对他军事才能以外的地方加以赞赏，等于在赞词中增加了新的条目，他便会感到无比的满足。恭维他人时，捧出新鲜的意味很重要。钱钟书先生的称赞也像他的《围城》一样充满智慧的创意，给人以新鲜而受用的感觉。

有一年冬天钱钟书访问日本，在早稻田大学文学教授座谈会上即席作了《诗可以怨》的演讲。开场白是：到日本来讲学，是很大胆的举动，就算一个中国学者来讲他的本国学问，他虽然不必通身是胆，也得有斗大的胆。理由很明白简单，日本对中国文化各方面的卓越研究，是世界公认的；通晓日语的中国学者也满心钦佩和虚心采用你们的成果，深知要讲一些值得向各位请教的新鲜东西，实在不是轻易的事。

意大利有一句嘲笑人的惯语，说："他发明了雨伞。"

据说有那么一个穷乡僻壤的土包子，一天在路上走，忽然下起小雨来了，他凑巧拿着一根棒和一方布，于是急中生智，把棒撑了布，遮住头顶，居然到家没有淋得像落汤鸡。他自我欣赏之余，也觉得对人类做出了贡献，应该公诸于世。他听闻城里有一个发明品专利局，就兴冲冲拿棍连布，赶进城去，到那局里报告和表演他的新发明。局里的职员听他说明来意，哈哈大笑，拿出一把雨伞来，让他看个仔细。我今天就仿佛是那个上注册局的乡下佬，孤陋寡闻，没见识过雨伞。不过，在找不到屋檐下去躲雨的时候，棒撑着布也不失应急的一种有效方法。

钱钟书先生没有一开始就把日本抬出来进行大肆恭维，而是先讲对日本汉学研究中国人不敢等闲视之，即使是中国专家在日本讲中国学问，也要对听众的水平作最充分的估计，把这作为一个好的切入点。

后段讲自己不通晓日语，除了有勇气之外，没什么资本。他没有用什么千篇一律、气势磅礴的语言高调直接地赞美日本的种种，而只是通过一系列的类比对比，借助小故事来抬高并赞美了日方，使在座的听腻了高谈阔论、大肆恭维的所有日本听众从心理上既感动又受用。

二、内心真诚的赞美，可以创造奇迹

莎士比亚曾说："赞美是照在人心灵上的阳光。没有阳光，我们就不能生长。"来自内心的真诚的赞美，就像播撒在心灵上的阳光和雨露，给身处逆境挫折的人以希望，催人上进，也给积极向上的人注入新的心灵能量，给予前行的力量。

著名作家狄更斯成名前也曾有一段颇为艰难的时期。他很想成为一名作家，但是，他做什么事情都很不顺利，他父亲因为欠债累累正在坐牢。他时常受饥饿之苦，最后他找了一个工作，在一个又脏又乱的货仓里贴鞋油标签。他对他的作品毫无信心，他怕被别人看见了会笑话自己，常常在深夜里才会溜出去寄自己的稿子。一篇又一篇文章被退了回来，但是他还在坚持。最终，他的一篇文章被接受了，虽然没有报酬，但是编辑夸奖了他："你在写作方面很有天赋，虽然现在你还写得不很成熟，但是我们愿意试用你的一篇稿子。"一刹那他便泪流满面。

来自编辑的一个内心真诚的嘉许，改变了狄更斯的一生，否则，他可能要在脏乱差的工厂环境里沉沦一辈子，我们也就可能无法阅读到那么多优秀的作品。如若没有来自那个编辑的真诚赞美，狄更斯在受到多次打击后，可能真的会放弃自己的写作梦想。

赞美是最能打动人心的语言。特别是发自内心的欣赏和热爱，溢于言表的热情和鼓励，更能推动人们前进。发自内心的真诚赞美，总是能表达与代表人们心灵深处最执著的渴望，没有人能抵制住赞美的诱惑，也没有人能够轻视赞美的力量。当赞美发挥到极致的时候，它可以改变世界，创造奇迹。

在日本曾经有护士接生了一个"天生没有手脚"的孩子，她们都不敢让这位"可怜"的母亲知道真相。她们偷偷地把孩子送进保温箱，找各种借口拖延母亲见到孩子的时间。

一个月过去了，由于母亲的一再坚持，终于允许被带去看她的孩子。护士们做好了承受来自这位母亲的凄厉绝望叫声的准备。但是，当这位母亲终于看到自己那个既没有手又没有脚的重度残障的孩子时，她没有失望，没有痛哭，她用自己全部的母爱发出了对这个孩子衷心的赞美："啊，好可爱的孩子！"

这个可爱的孩子就是乙武洋匡。乙武洋匡的存活是一个奇迹，乙武洋匡的成功更是一个神话。他克服了许多行动上的不便，一路完成学业教育，并读到早稻田大学经济学系，大学里他以实际行动推动无障碍空间和心事无障碍的公益活动。他在1997年出版自传，叙述了自己如何在电动轮椅上求学，激励了许多日本民众，之后又陆续出版了一些书籍，并接受日本电视台TBS的工作，负责新闻的森林节目企划与播出。他于2001年结婚，妻子是大学学妹，2007年3月，乙武洋匡考下了"小学校教育二类证书"，成为东京都杉并区立杉并第四小学的老师。

一个没有手脚的人，在母亲的赞美声中获得了生命和力量。虽然他的衣袖和裤腿空荡荡的，但那丝毫不妨碍他的笑容，他依旧用残臂满怀热情地夹着笔写字作画，他能跑步、游泳、爬山、打球。他以坚强和不屈笑对人生："这个世界有我能做而别人做不到的事！"

在非洲南部有一个民族叫巴贝姆巴族，这个部落的人很有凝聚力，族人们相濡以沫，经受住非洲恶劣的自然条件的考验，代代相传。这都源于这个部落始终保持的一种古老的生活仪式。这个古老的仪式便是：当族里某个人犯错误的时候，族长便会让犯错的人站在村落的中央，然后整个部落的人都会放下手中的工作，从四面八方赶来，用真诚的赞美来洗涤他的心灵。围上来的族人从最年长的人开始发言，依次告诉这个犯错的人，他有哪些优点和善行，他曾经为整个部落做过哪些好事。叙述时既不能够夸大事实，又不能重复别人已经表达过的赞美。整个赞美的仪式，要持续到所有族人都将正面的评语说完为止。在这种赞美中，犯错的人感受到灵魂的洗礼，重新看到向善的方向。几千年来，巴贝姆巴族部落的族人便以此相依为命，互助互爱，不分彼此。

赞美的力量很强大，能发自内心给予别人真诚赞美的人也很了不起。赞美就要发自内心，真诚，得体，他人便能从内心深处真正感受得到，也能从我们的真诚赞美中汲取能量；同时聪明得体的赞美会让对方心理上产生如遇知己感，很快从心理上与我们消除陌生感，拉近彼此之间的友好距离；而随意虚假的奉承只会让对方避之唯恐不及甚至内心深深厌恶。

三、赞美具体才不是敷衍

抽象笼统的东西往往很难确定它的范围，难以给人留下深刻的印象；而作为能给人以内心美的感受的赞美，虽说也是虚无缥缈的，但如若能做到赞美到实处，具体而又深刻，那便是看得见、摸得着的。

很多时候很多人的赞美从心理上总给人一种虚空大的感觉，让人觉得不实在，只是在对他人进行敷衍。如若赞美的话从我们口中说了出来，但并没有得到他人心理上的认可，那就谈不上给他人带来精神上的愉悦，也更不会让他人内心印象深刻或者喜欢与我们交谈。

而如若换一种方式，用具体而又恰到实处的赞美，会让他人内心觉得一切有章可循，实在而又贴切，便会思忖一下自己是不是真是如此，继而满足他人的虚荣心，也给足了他人认同感，这种赞美方式便是他人内心深处真正乐于接受的。

所谓深入、细致，就是在赞美别人的时候，要挖掘对方不太显著的、处在萌芽状态的优点。因为这样更能发掘对方的潜质，增加对方内心的价值感，赞美所起的作用会更大。如果要称赞某人是个好推销员，可以说"老王有一点非常难得，就是无论给他多少货，只要他肯接，就绝不会延期。"

某市文化公司要建造一座影剧院。这一天，公司王经理正在办公，家具公司的李经理找上门来推销座椅。

"哟！好气派。我从未见过这样漂亮的办公室，如果我有一间这样的办公室，我这一生的心愿都满足了。"李经理这样开始了他的谈话。他用手摸了摸办公椅扶手："这不是香山红木吗？难得一寻的上等木料哇！"

"是吗？"王经理的自豪感油然而生。他说："整个办公室是请深圳的装修专家装修的。"说罢，不无炫耀地带着李经理参观了整个办公室，兴致勃勃地介绍设计比例、装修材料、色彩调配，兴奋之情溢于言表。

不用说，李经理顺利地拿到了王经理签字的座椅订购合同。他得到了满足，并且他也给了王经理一种满足。

李经理最有亲和力的一句赞语恐怕就是那句"这不是香山红木吗？难得一寻的上等木料哇！"他在称赞王经理办公室时，不是只用一句"办公室很漂亮"就打发了，还有后缀，前面总体进行了评价，后面还不忘加上具体的对办公室的摆设的评价。真正的做到了具体，这就让王经理内心真正的感受到了对自己的认同，不觉得对方只是在简单地敷衍自己，不是因有求于他而进行的简单的敷衍，也满足了王经理内心的自豪感。

可见，与他人的言语交谈中，赞美他人时，笼统赞美而又不忘具体的评价，才算是赞到了点儿上，才能让他人从内心深处获得认同感与愉悦感，也才使他人敞开心扉。

四、不要让赞语引起误解

与他人的交流过程中，不要突然没头没脑地就大放颂辞，如果这样，既会让人从内心觉得很突兀，也会让人觉得我们动机不纯；同时没头没脑地大放赞词，很容易引起他人心理上的误解，而一旦我们的赞语引起了误解，那就像挠痒挠破了皮，左右不是。原想讨好给人挠痒痒，谁知却挠破了皮，岂不是自讨没趣，势必也会引起他人的心理反感甚至于恼怒。

在赞美他人时，要留意应在何时以什么事为引子开始称赞对方，能让对方最容易接受，欣喜；同时也一定要避免自己的赞语可能要引起的一切误解。

一男青年晚上在饭店碰到一位认识的女士，她正和一位女伴在用餐，两人刚听完歌剧，穿戴漂亮。这位男青年觉得眼前一亮，很想恭维一下对方："噢，康斯坦泽，今晚你看上去真漂亮，很像个女人。"对方难免生气："我平常看上去像什么样呢？像个清洁工吗？"

这位男青年就犯了这样的错误，赞美的话人人都喜欢听，女人更喜欢听。本想赞美对方漂亮，获得她的青睐，谁知却不注意措辞，引起了对方的误解，引起他人内心恼怒，得不偿失。

一次管理层会议上，一位报告人登台了。会议主持人向略显吃惊的观众介绍："这位就是刘女士，这几年来她的销售培训工作做得非常出色，也算有点儿名气了。"

这末尾的一句话显然画蛇添足得让人不太舒心，什么叫"也算有点儿名气"。既然是做得非常出色，那又怎么用"也算有点儿名气"的语气呢，显然前后矛盾，话语中尽含本不存在的对他人的否定，让人听了内心觉得不舒服，甚至会让人觉得不是赞美而是谴责贬低或侮辱。

因此，在表扬或称赞他人时一定要谨慎小心，注意措辞，以免我们的赞语引起对方的误解，尤其要注意以下几条基本原则：

（1）列举对方的优点或成绩时，不要举出让听者内心觉得无足轻重的内容，比如向客户介绍自己的销售员时说他"很和气"或"纪律观念强"之类和推销工作无关联的事。

（2）赞扬不可暗含对对方缺点的影射。比如一些口无遮拦的话："太好了，在一次次半途而废、错误和失败之后，您终于大获成功了一回！"

（3）不能以自己曾经不相信对方能取得今日的成绩为由来称赞他。比如"我从来没想到你能做成这件事"，或是"能取得这样的成绩，你恐怕自己都没想到吧"。

另外，赞词不能是对待小孩或晚辈的口吻，比如"小伙子，你做得很棒啊，这可是个了不起的成绩，就这样好好干！"

总之，赞美就像空气清新剂，可以振奋对方的精神，"美化"身边的气氛，但也必须清楚，再好的清新剂也有过敏以至反感者。如果不首先练达人情，不根据所赞对象的心情不顾及对方的内心感受以及当时情境的具体情况而乱赞一通，势必会引起他人误解，恐怕真的会适得其反。

五、出其不意之处的赞美，好比意外的礼物

向人"请教一切"是不行的，应该择其所长，集中某点来请教。这会让他人从内心真切感受到我们赞美的真实性，会增强对方内心的信赖感。与其赞扬别人的生意好，不如另辟蹊径，赞美他的推销技术高明，或是赞美他工作的努力。要知道，源自对方奇特之处的赞美，好比意外的礼物，让他从内心深处感受到惊喜与兴奋。越是鲜为人知的地方，越渴望得到别人的认同与赞美，能让对方内心深处的自豪感增倍。

凡说恭维赞美的话一定要切合实际，新鲜奇特独到，到别人家里，与其乱捧一场，不如就某一点他人鲜为认识到的地方进行赞美，或欣赏壁上的一张好画，或惊叹一个盆栽的精巧，毫无成见地欣赏别人的爱好和情趣，把自己独特的眼光融入其中，一定会深得主人内心的真正喜欢。

要赞美得准确，抓住对方鲜为人知的东西，不同于他人而进行奇特赞美，就需要一双善于观察的眼睛。主人爱狗，谈话间也总是把狗挂在嘴边，那就赞美他养的那只狗；主人虽很有气质，赞美其品位并不显得高明，她养了很多金鱼，那就欣赏那些鱼的美丽。

对一个有地位名望的人，赞美他所用的字眼应当另有研究和选择。首先要明白，一个名人之所以能够成为名人，一定是他在某一项工作上有特殊的贡献，而在他成名之后，赞美他工作的人一定很多，积久生厌，依样照葫芦地用别人所用过的话来恭维他，势必会引起对方内心的反感，不会取得好的效果。

最好选择他工作以外的另一方面去赞美，比如某银行界巨子，喜欢在闲时写写诗，那么与其赞美他调整金融的努力，不如夸他的诗写

得好。已成就了的工作，无须再来恭维，他的诗写得很好，却不为人所知，要是特别提到，一定会给他意外的惊喜，让他从内心真正喜悦。

赞美一个普通人可以赞美他努力了许久而无人注意的工作，尤其是他足以自豪的工作或本领。但对于功成名就者，却要欣赏他那些不大为别人所知道的，却是他内心自以为得意的事情。

对他人进行赞美，区别掉对方身上特别明显重要的东西，而特别关心其某一事物，而这些并不常为人所提及，必使对方内心真正欣喜之余还觉感激，甚至会有种"英雄所见略同"的知己之感。"士为知己者死，女为悦己者容。"钟子期死后，伯乐终身不再鼓琴，其感思知己如此之甚者，不外子期能懂得欣赏他的琴声并给予他认同感而已。

因此，善于说话的人，每每因一句甜美的话说得适当而成就了一段美妙的经历，但说这些赞语时，一定要饱含真诚，只有从内心里发出的敬佩别人的话才是有诚意的。

另外，从第三者口中得到的有关对方的信息，有时在初次见到对方时能起到重要的作用。然而有关对方的传言，对我们来说即使十分新鲜，也应避开那些陈旧的赞美之词，而应当大大赞美他较不为人所知的一面。

六、背后赞美别人，散发异样魅力

背后颂扬别人的优点，比当面恭维更为有效，这是一种至高的赞美技巧。在背后颂扬他人，在各种恭维的方法中，算是最使人高兴的，也最有效果的。同样的赞语，当着他人的面来说，常常会在他人心中造成一种虚假的嫌疑，或者疑心我们不是诚心的，而背后借助第三者来赞美他人，让他人间接来听，这一切的怀疑与顾虑不仅统统都会消失，更会让对方在心里感受到我们的真诚而且更容易接受与奏效。

据心理学家调查，背后赞美的作用绝不比当面赞美差。此外，直接赞美不充分，语言力度不够便会使对方感到不满足、不顺耳；而直接赞美过了头又会变成阿谀，而用背后赞美的方法则可以减少这些矛盾。

当事人不在场时候，背地借助第三者说赞美他的话，一般情况，这些话语最终都能准确传达到当事人的耳中。如果当我们想赞扬一个人，而又不便对他当面说出或没有机会向他说出来时，可以在他的朋友或同事面前，适时地赞扬一番。

古时候，一个叫彭玉麟的官员，有一次路过一条狭窄的小巷。一个女子正在用竹竿晾晒衣服，一不小心竹竿掉下，正好打在彭的头上。彭勃然大怒，对着女子大骂起来。

那女子一看，原来是官员彭玉麟，不禁冒出了冷汗。但她猛然间急中生智，便正色地说："你这副腔调，像行伍里的人，所以这样蛮横无礼。你可知彭宫保就在我们此地！他清廉正直，假使我去告诉他老人家，怕要砍了你的脑袋呢！"

彭玉麟一听这女子夸赞自己，不禁喜气上升，而且又意识到自己的失态，马上心平气和地走了。

晒衣女失手掉下竹竿，正打在路过的当地官员彭玉麟头上，可谓无意却巧极。于是，这位官员大怒而骂，所幸晒衣女尚能认识他，而且能够急中生智，采用赞美的方式来遏制对方。她装作不知道对方是谁反而斥责对方蛮横无礼，并且用大众的口吻夸赞彭宫保清廉正直，说向他告状会治对方的罪。这非"当面"夸赞，却说得彭玉麟心里美滋滋的：自己在民间居然有这么好的吏治声誉，绝不应该为这些许小事而损害形象。面对这样的赞美，彭宫保转怒为笑，心平气和地离开了，晒衣女也因此而逃过了一劫。

晒衣女在这里运用的是一种借他人之口易于他人心理接受的赞美方法，即借用"彭玉麟受到百姓的夸奖"这样的赞誉来取悦彭玉麟，使他在晒衣女的夸赞面前无法发作，为了保住自己的形象，对于"挨打之事"只好作罢，不予追究。

七、学会适度的赞美

美国前国务卿基辛格是个擅长称赞他人的外交谈判高手，他之所以能成功做到如此与他深谙他人心理，并善于基于他人的心理基础适时运用自己的说话智慧与策略紧密相关。

他说："你必须十分敏锐，因为大部分国家领导人都是非常敏锐的，他们不容易被人操纵，却能操纵别人。你得运用你的智慧，去对付一个高智慧的人，还要使他马上感到你的诚意和认真，最后，必须增加他的信心。"在基辛格眼里，所谓称赞是使别人相信他能解决问题的一种方法，但一定要注意到度的问题。即要称赞得体，张弛有度，不能夸大其词。这样才会让对方心理感到真诚，也才会从内心发出喜悦与肯定的信号。

当我们想邀女性约会时，可以适当地恭维她："小姐，你的身段很美，公司有很多女职员，但我认为你的工作能力比她们都强，如果我能跟你这样漂亮能干的小姐做朋友，真是我无上的荣幸！"也许当时并没有征得她的同意，但有一点可以肯定，这位小姐的内心里肯定洋溢着喜悦之情，并且会拥有一天的好心情，如果再适当地努力几次，肯定会成功。

要想把称赞的话真正恰当地说到他人心坎里，就需要掌握称赞的度，绝不可夸大其词，只有这样才能赢得别人的信任和好感。

一位母亲曾赞美孩子："你是一个好孩子，有了你，我感到很欣慰。"这种话就很有分寸，既能激发孩子的上进心，又不至于让孩子骄傲。同样，在人际交往中，我们往往需要赞美他人，如果不掌握赞美的方法，赞美可能会成为讥讽，可能会变成毒害他人的毒药。

适度的赞美会令对方感到欣慰、振奋；过度的恭维、空洞的奉承，或者频率过多，都会令对方感到不舒服，甚至难堪、肉麻，结果令人讨厌，适得其反。

当我们的赞语说出口时，先要掂量一下，这种赞美有没有事实根据，对方听了是否相信，第三者听了是否不以为然，一旦出现异议，就请不要说出口。所以，赞美只能在事实基础上进行，不要浮夸，措辞也要适当。

赞美别人，仿佛用一支火把照亮别人的生活，也照亮自己的心田，有助于发扬被赞美者的美德和推动彼此友谊健康地发展，还可以消除人际间的龃龉和怨恨。赞美是一件好事，但绝不是一件易事。赞美别人时如不审时度势，不掌握一定的赞美技巧，即使是真诚的，也会变好事为坏事。所以，开口赞美别人之前，一定要注意因人而异说不同的赞美话。

人的素质有高低之分，年龄有长幼之别，因人而异，突出个性，能说到人的心坎里的赞美比一般化的赞美能收到更好的效果。老年人总希望别人不忘记他"想当年"的业绩与雄风，同其交谈时，可多称赞他引以自豪的过去；对年轻人不妨语气稍为夸张地赞扬他的创造才能和开拓精神，并举出几点实例证明他的确能够前程似锦；对于经商的人，可称赞他头脑灵活，生财有道；对于有地位的干部，可称赞他为国为民，廉洁清正；对于知识分子，可称赞他知识渊博、宁静淡泊……当然，这一切要依据事实，切不可虚夸。

八、赞美要因人而异

人与人各自的心理特点不同，因此对不同的人进行赞美也应当采用不同的语言方式。也只有切实去了解并尊重不同人的不同心理，切实把言语交谈的对方区别看待，当做一个最独立的个体来进行赞美，才能做到真正把赞美的话说到实处，说到别人心坎里，才能真正愉悦他人，讨别人喜欢。

一般说来，常常会有以下心理特征：男性心理一般比较要面子好虚荣，多喜欢追逐功名、显示能力、展示个性以显潇洒和能力，而女性心理则对容貌、衣着刻意追求或身边伴个白马王子以示魅力。

因此，对于男性的赞美可多从个人能力、个性、品格上来进行赞美。男人爱面子，把面子看的相当重要，在赞美的过程中一定要给足男人面子，切不要无意涉及对方的敏感区域，以免引起不必要的误会。

基于女性的这些心理，则多可以从容貌、服饰，个人魅力等方面来进行赞美，爱美是女人的特别喜好。从这些地方对女人进行赞美，一定能击中她的软肋。但无论是赞美女性，还是赞美男性，均应把握好分寸，讲究用语。

同时，异性间的赞美与恭维，也绝对要讲究技巧，否则稍有不慎便会招致不必要的误解。如果是初次见面，赞美更要注意分寸。过度殷勤热情很可能被理解成过于露骨的奉承甚至给人留下低俗讨厌的印象，无法将自己要表达的意思正确地传递给对方。而过于轻描淡写又让对方内心无法真正感受到我们的诚意与青睐。使用含糊的恭维之词不失为一种好办法。对于含义模糊的词句，人们往往会往好的方面去猜想理解。

还有，女性心理往往比较细腻与敏感，对女性还应该注意如下：

（1）对女性进行赞美时，千万不要显露轻视的成分。在社会制度以及以往所形成的社会形态之下，女性渴望的是尊重与平等，应当时刻牢记这一点，也应当让女性能时刻感受到自己被重视被尊重，这其实无形中就是对女性的一种认可与赞美。

（2）千万不要在女性面前称赞其他女性。有人说："女人的敌人就是女人自己。"对女性而言，其他女性就是永远的敌人。

据说某市女中，有位男老师在课堂上总是以相同的速度走动，倘若中途不经意间停下来，那么全班同学便认为老师对旁边的女孩子有意思。对此，也许有人会觉得很荒谬，但实际上却有男老师因不堪其扰而辞职。

女性在男女关系中更希望自己是最受重视与骄傲的一个，这种心态很敏感也很脆弱。情侣相偕上街，男的看着迎面而过的漂亮小姐，说道："哇！好漂亮的女孩。"这种出于男性本能而又无心的一句话，很可能会深深刺伤女朋友的心，引起彼此之间的不愉快。

看人下菜碟，赞美也是。即使是因为相同的事由，也不能以同样的方式来称赞所有的人。不要试图寻找在任何时间、任何场合下对任何人都适用的"赞赏万金油"，它是不存在的。避免给对方留下"这人对谁都讲那么一套"的坏印象，才不至于给他人产生敷衍与不友好不真诚的感觉。因为，即便同一个人在不同场合或者境遇中也会有不同的心境；因此，一定要照顾到对方现时的心理特点，才不至于说错话让他人反感与厌恶。

在有很多人的聚会中，即便由于同样的理由要再次恭维他人时，也应当仔细想一想，这个人与其他人相比，到底有何突出之处，这样就能因人制宜、恰到好处地赞扬别人，把话说到别人心坎里，击中他人软肋。

第四章 言辞准则：
声情并茂，让人赏心而又悦耳

　　好的说话技术还需要好的言辞来润色提升为艺术。人们喜欢听合乎自己胃口的话，但也更喜欢接受美妙悦耳的声音，这就需要我们在说话的声音与言辞上下工夫，才能让说出口的话赏心而又悦耳。

一、简洁的语言最具吸引力

人的内心神经极为敏感，易于接受那些简单而又有力的东西。综观人与人之间的谈话过程，真正能吸引、打动人的常常是那些简洁有力的真话、实话、心里话；也只有这些话语才能真正说到人的心坎里。而那些大话、套话、假话则是人们听够了、听厌了的，也是心里常常反感甚至厌恶的。因此，基于人们的听觉心理，提高语言表达能力，学会简洁是必过的一关。

语言简洁是最经济的语言手段，能输出最大的信息量。在言语交谈中，简洁的语言常常能比繁杂冗长的话题更吸引打动人。它体现出说话人分析问题的快捷和深刻，是其认识能力和思维能力高超的表现；它能使听者在较短的时间内获得较多的有用信息，有助于博得对方的好感；它也是说话人果敢、决断的性格表现。

同时，简洁有力的语言风格也是时代风貌的反映，现代化社会节奏快、时间观念强，说话简洁的人会使他人内心产生一种生气勃勃的现代人的感觉，尤其为人推崇。因此努力培养自己的简洁精练的言语风格就显得尤为重要。

"言不在多，达意则灵。"无论在什么场合，讲话要语不厌精，字字珠玑，简练有力，使人不减兴味。冗词赘语，唠唠叨叨，不得要领，必令人生厌。

在言语交谈中，要想让对方内心收到良好效果，在语言方面就应做到简洁、精练，让听者在较短的时间里获取较多有用的信息。同时，语言还要力求通俗、易懂，如果不顾听者的内心喜好与接受能力，用文绉绉、艰涩难懂的语言，往往既不亲切，又使对方难以接受，结果事与愿违。

不少演讲大师惜语如金，言简意赅，留下珍贵的篇章，成为"善辩者寡言"的典型。

最短的总统就职演说，首推1793年华盛顿的演说，仅135个字。

林肯著名的葛底斯堡演说只有十个句子，他的演讲重点突出，一气呵成。

1984年7月17日，37岁的法国新总理洛朗·法比尤斯发表的演说，更是短得出奇，演讲词只有两句："新政府的任务是国家现代化，团结法国人民。为此要求大家保持平静和表现出决心，谢谢大家。"

这些演讲大师驾驭语言的功力都是非凡的，他们的措辞委婉，内容非常精辟。林肯的葛底斯堡演讲词仅600字，从上台到下台还不到3分钟，却赢得了15000名听众经久不息的掌声，并轰动了全美国。当时报纸评论说：这篇短小精悍的演说是无价之宝，感情深厚，思想集中，措辞精练，字字句句都很朴实、优雅，行文完美无疵，完全出乎人们的意料。

二、幽默，言论的调料

思路清晰、反应敏捷、妙语惊人是具有幽默感的人的共同特征，他们总是可以从容地面对各种纷繁的场合。也正是这种敏捷与清晰才真正激荡了他人心理，带给人意想不到的吸引力，总是散发着睿智的光芒。

美国著名幽默作家詹姆斯·瑟伯曾这样说："一个国家最古老、最宝贵的财富就是幽默。"

可以说，幽默是一种智慧的心理语言，是一种活跃气氛的兴奋剂，它可以轻松化解许多人际交往中的冲突或者尴尬；也能够从内心很快拉近谈话双方的关系，继而轻松地为自己创造机会。也正是这些诸多有利优势，才铸就了幽默口才的非凡魅力。

幽默的语言因为其风趣、轻松的特点，总能给人内心留下深刻印象。在美国，70%的人都认同幽默感有助于决定个人事业的成功。运用幽默，可以将不好表达的话题，或者一些严肃的话题变得轻松，让对方心理上更容易接受。

同时幽默的语言，既能使谈话气氛和谐融洽，还可以救人于危难或者化干戈为玉帛，从而为自己创造机遇。

作家冯骥才访问美国时，一位华人朋友携全家来到他的住所拜访，双方相谈甚欢。突然，冯骥才发现客人的孩子穿着鞋子，跳到了他洁白的床单上玩耍。这是一件令人很不舒服的事，但孩子的父母并没有意识到这一点。

这个时候，冯骥才对孩子说："小朋友，请回到地球上来吧。"于是，华人夫妇发现了孩子的失礼行为，双方会心一笑，问题得以圆满解决。

试想，如果冯骥才直接说："孩子，请快点脱掉鞋子吧。"或者说"小朋友，你怎么能穿着鞋爬到床上去呢？"那么，孩子的父母就会为冒犯主人而感到不安，给对方心理造成不舒适感。同时也会对冯骥才对自己孩子不留余地的批评觉得受到了指责，从而影响彼此之间和谐的谈话氛围，造成来自内心上的交流不愉快。

而将一些特定场合下的情节或者语言，移用到另一种不同的场合中，也会达到幽默的效果。有时我们确实需要以有趣并有效的方式来表达人情味，给人们提供某种关怀、情感和温暖。

据说有位大法官，他寓所隔壁有个音乐迷，常常把电唱机的音量放大到使人难以忍受的程度。这位法官无法休息，便拿着一把斧子，来到邻居门口。他说："我来修修你的电唱机。"音乐迷吓了一跳，急忙表示抱歉。法官说："该抱歉的是我，你可别到法庭去告我，瞧，我把凶器都带来了。"说完两人像朋友一样笑开了。

这位法官并不是想把邻居的电唱机砸坏。他是恰当地表达了对邻居的不满；而且表达的主题是对音响而不是对人。任何人都不希望自己被指责，尤其是愤怒地指责，会很自然产生不良情绪。这种情绪状态下，不但达不到我们所期望的效果，反而会把对方激怒。

而这位法官就深谙他人的这种心理，掌握了常人会有的心理特性，他没有深深责备而是用了极其幽默的语言含蓄地表达出自己的意思。当然，照顾到了对方的心理感受，也会取得对方心理上的认可，也就能简单达到自己想要达到的目的。他那幽默的话语似乎是对音乐迷说："我们是朋友，我希望和你好好相处，至于唱机是唱机，可以修理一下。"当然，所谓"修理"只是把唱机的声音开低些罢了。

同时，照顾对方心理采用幽默的说话方式时，要想取得理想的效果，还要特别注意以下两点：

一是幽默必须真实而自然。

我们经常看到和听到一些政治家们的幽默言行。他们大多把幽默的力量运用得十分自如，真实而自然。没有耸人听闻，也不哗众取宠，更不是做戏。这是因为，他们都知道太精迷于说妙语和笑话，对个人的形象并无帮助；反之，则会给自己的形象大打折扣，惹他人心理反感。

而若非要附庸风雅，企图以成串的笑料和廉价的笑来博得听众的欢心，硬要把自己塞进别人的肚子里，不顾别人是不是有这个胃口，只能引起他人的鄙视与反感。结果也许是真的引起了笑，但很可能是笑他形象的滑稽和为人的浅薄。

芝加哥有个人，一心想得到某俱乐部主席的位置。在一次对俱乐部成员不到两小时的演说过程中，他至少说了50则笑话，并配以丰富的表情和确实引人发笑的手势，听众们被逗得哈哈大笑。末了，在他讲完最后一则笑话时，有人大叫"再来一个！"

这位老兄也真的再来了一个，再次把人逗得疯狂大笑。但是他没有当上俱乐部主席，他的票数是候选人中的倒数第二。

当他闷闷不乐地走出俱乐部时，他问那位喊"再来一个"的听众："你说我比他们差吗？"

"不，一点也不差，"那人说，"你比他们有趣多了，你可以去当喜剧演员。"

二是敢笑自己的人才有权利开别人的玩笑。

海利·福斯第说："笑的金科玉律是，不论你想笑别人怎样，先笑你自己。"

笑自己的观念、遭遇、缺点乃至失误；有时候还要笑笑自己的狼狈处境。许多著名人物，特别是演员，都以取笑自己来达到双方完满的沟通。在他人面前敢于嘲笑自己是放低姿态、把他人当自己人的表示；会消除彼此之间的生疏与距离感，让人备感亲切。许多深谙说话心理学、善于运用幽默的说话高手，他们利用一般人认为并不好看的外貌特征来开自己的玩笑，如玛莎蓓伊的"大嘴巴"。还有一位发胖的女演员，拿自己的体态开玩笑说："我不敢穿上白色泳衣去海边游泳。我一去，飞过上空的美国空军一定会大为紧张，以为他们发现了古巴。"人们没有理由不喜欢这样的人。如果今后他们拿我们开玩笑时，我们也只会同他们一起哈哈大笑，而没有半点怨言。

笑自己的长相，或笑自己做得不太漂亮的事情，会使我们变得更富于人性。如果碰巧长得英俊或美丽，要感谢祖先的赏赐。同时也不妨让人轻松一下，试着找找自己的缺点。如果真的没有什么有趣味的缺点，就去虚构一个。

要想练就征服人心的好口才，那就要努力培养自己说话时对对方心理的重视意识，注意培养幽默细胞、增强幽默感。多看看笑话书、多找一些生动的生活化的笑料，作为一种平时的幽默素材积累，这样越是那些严肃紧张的场合，越可以缓解当时众人紧张严肃的心理状态，用一句恰当的幽默让气氛变得轻松，让幽默这味调料给我们的语言增味添香，让他人心理真正愉悦，内心渴望听从我们言谈。

三、温婉的谈吐最能愉悦他人的心理

古往今来，和气待人、和颜悦色都被视为一种美的体现。同时，温婉的谈吐会给他人心理带来愉悦的听觉感受，更容易让他人亲近你。因此，与他人进行交谈时，温婉的谈吐最能愉悦他人的心理，也是十分值得提倡的一种方式。

而具体照顾到他人听觉心理的温婉谈吐主要表现为语气亲切、语调柔和、语言含蓄、措辞委婉、说理自然。这样的谈吐不仅会让他人内心感到亲切和愉悦，而且所谈之言也易于入耳生效，往往具有以柔克刚的征服效果。而那些善于言谈的闪亮的交际明星往往都拥有温婉动人的谈吐，可见谈吐语气在我们的言语交谈中对占据他人心理有着不可估量的作用。

一句话能把人说笑，也能把人说跳。通常情况下，能把人说"笑"的语言是柔和的温婉的甜美的打动人心的。既然一句话能把人给说笑，那又何必把人说跳去自讨苦吃呢，只要我们用心下点工夫，就能让自己的谈吐温婉如水。

见过罗斯福的人，都知道他见闻广博，无不对他佩服。可以说无论来访者是什么人，牛仔、勇敢的骑兵、政治家或者外交官，罗斯福都能找到与对方身份相当的话题，让彼此的谈话轻松愉快，在对方心里烙下美好的印记。

1940年，处于前线的英国已经无钱从美国"现购自运"军用物资，一些美国人没有意识到事态严重到唇亡齿寒，于是便想放弃援英。罗斯福总统在记者招待会上借《租借法》以说服他们，但罗斯福并没有直接指责这些人目光短浅，这么做除了会触犯众怒外毫无意义，更甚会得到适得其反的结果。相反他细致深入地向大家讲解了事情的利害关系。他用通俗易懂的比喻，深入浅出地说明，点中要害，使人们不得不心悦诚服。

他这样说道："如果我的邻居家失火了，在四五百英尺以外，我有一截浇花园的水龙带，若给邻居拿去接上水龙头，就可能帮他把火灭掉，火势也就不会蔓延到我家。我该怎么办呢？我总不能在救火之前这么跟他说吧：'喂！伙计，这管是我花15美元买来的，你得照价付钱。'而这时，邻居又刚好没钱，那该如何是好呢？我应当不要他的15美元钱，而是让他在灭火之后还我水龙带。如果火灭了，水龙带还完好，那他就会连声道谢，并物归原主。而如果他因救火弄坏了水龙带，但答应照赔不误，现在，我拿回来的是一条仍可用的浇花园的水龙带,这样也不吃亏。"

虽说罗斯福总统援英的信念非常坚定,但他照顾到了他人的心理接受程度与听觉感受,不是直接以强硬的态度表达,而是借用通俗的比喻温婉的表达来表明自己内心的真实想法,从而达到了较好的说服效果。

达到目的的方法有多种,但最好的往往是柔中带刚。心平气和是一种风度,更是一种气度,柔婉平和的语气、美妙动听的声音会让无理取闹者羞愧,更会让通情达理者从内心深处乐于同我们交流。但要想谈吐温婉也不是一蹴而就的事情,它也需要我们用心去磨。

心灵美才能真正的语言美,一个心灵丑恶的人,绝不会说出美丽的语言。要想得到外在的温婉谈吐,还应当加强内在的个人思想和性格锻炼。

同时,还要注意使用能表示尊重对方观点感情的谦敬词、礼貌用语,以引起对方内心的好感。对于那些粗鲁、污秽的词语一定要避免出现在我们的言语交谈中,因为这些用词会给对方心理造成极度不舒服反应。同时,在句式上,尽量少用"否定句",多用"肯定句";在用词上,要注意感情色彩,多用褒义词、中性词,少用贬义词,以减少对对方心理的刺激;在语气上要委婉、文雅。

四、平实通俗的语言最具感染力

老子说:"信言不美,美言不信。"常常说一些华而不实的语言,大量运用形容词、描绘性词语,大量地堆砌辞藻,过度夸示的人,会给他人心理造成卖弄、浮夸的感觉，让他人感到虚假、不真诚。而"诚"是人们之间相互交往的基础，一旦让他人内心感到缺乏诚意，那么所说的话就很难让人信服，也就不能打动人心。这样我们所希望达到的言语交谈的目的就无法实现，这也就是表达的失败。

"物以类聚，人以群分。"在日常生活中人们内心都会自觉不自觉地为自己划分等级和群体。每个人内心都喜欢与那些跟自己相似的人相处，用平实的语言表达平常的感情，我们都是同一类人拥有同样的情感，这些让人感到亲切，没有距离。

即便我们很优秀也应做到用语通俗平时不卖弄，无论怎样优秀杰出，都首先是一个普通的人。要同别人交流、想要被别人内心接受，就不能活在自己的世界里说着只有自己才能听懂的话。同时语言会是很多信息的有力映射，别人很容易就能通过言谈从内心判断出我们属于哪一个阵营，从而选择跟我们打成一片还是坚持划清界限。

就像我们听到伟大或者成功的人士用最平实通俗的语言与人交谈，便会顿时喜欢上这个人的心理状态一样。相反，如果是一个满口"之乎者也"、学术名词、哲学法则的人出现在我们面前，相信大多数的人都会选择敬而远之。

当然，平实通俗也并不等同于贫乏、单调、呆板，不是因此就要忽略表达上的生动和活泼。恰恰相反，语言越平实，就越需要给它注入生动活泼的养料，以增强语言表达的效果。概念平实通俗，才会更接近听众心理，更接近生活，更接近自己的风格。

由于构成生动活泼的手段和方法受到整体风格的制约，因此，真正意义上的生动活泼，角度应该是多样性的，它和说话者的创造性有关，仅仅凭借语言的繁缛、华丽，甚至凭借咬文嚼字来表达，并不能达到这样的效果。

这就需要我们必须注意在日常生活中多加练习，但也千万不能走入平实通俗语言的误区。朴实不等于普通，通俗不等于恶俗，真正好的表达方式就是让人从内心听起来通俗易懂但是又意蕴隽永的语言，这样既能体现出自身的素养，又能产生一种亲切的感染力，让人们从内心深处不知不觉地想要敬佩亲近我们。否则一张口就会被人认为是一个没有内涵、没有文化底蕴的人。

　　语言的魅力在于它是人与人之间交流思想的工具，可以让人实现交流的目的。说话要有魅力，要有说服力，平实通俗的语言最有效；辞藻越是华丽，音韵越是复杂，就像是包了沉重的壳，让他人心理沉重，接受起来就越困难。因为多数人的内心相对华丽的辞藻，他们更接受实事求是、简洁明了的叙事方法。

　　想必大多数的人都是不愿意被孤立的，那么就请抛弃让人孤立的言行吧。使用最平实最通俗的语言去进行交流，越是朴实的东西就越具有生命力和感染力。

五、条理清晰，说话便有条不紊

　　条理清晰、有条不紊的谈话，可给人内心以稳重之感。拥有好口才的人几乎都不是快嘴快舌之才。这倒不是因为他们反应迟钝，不善辞令，而恰恰相反，他们机敏过人，能说善道。但他们清楚地了解他人心理，了解说话并不仅仅靠能言善辩就可以胜任的。

　　在语言沟通中，假如只顾快嘴快舌，就无法产生好的效果。没错，口齿伶俐，可以在短时间内传播大量的信息，但也不能忽视信息的价值是由讲话者能否在内心深处给对方以信赖感所决定的。假如只为了抢速度，而让对方内心感到你的轻浮，进而对我们所提供的信息产生一定的怀疑的话，那是得不偿失的。由此，即使提供的信息再多、再全，而很难有来自对方心理的真正接受与认同，那也没有什么意义。

因此，与人交谈时，应注意纠正语调生硬、语速太快的习惯，做到委婉平缓，简洁明了，条理清晰，动人心弦。这是好口才的基本要求，也是能让听者听起来赏心而又悦耳的必要因素。

要做到说话有条不紊，不妨试试以下几个办法：

1、要有充分的心理准备

如果在说话时对所要说的内容没有认真考虑过，肯定会感到无话可说，即使说起来也不会流畅自如。因此，必须在讲话之前充分的准备，心理准备还包括具体的内容、他人信息的准备，绝对不能信口开河，无的放矢。

2、勇于开口

善于言辞的才能并不是说每个人都是天生就具有的，它是在环境的影响下，通过个人的实际训练而逐步发展的。

所以，我们应当克服害羞胆怯的心理，在生人面前或人多的场合，要争取发言的机会，勇敢地发表自己的看法与见解，敢于并勇于与他人进行交流，要相信我们散发在言语中的自信对方是能感受到的。

3、平时要多注意自己的逻辑思维能力

六、用对字眼，才有影响力

马克·吐温说："恰当地用字极具威力，每当我们用对了字眼……

我们的精神和肉体都会有很大的转变，就在电光石火之间。"

当我们所说的话用对了词，用对了地方就能让人从内心笑、治疗人的心病、带给人希望，但若是用错了字眼就会使人哭、刺伤人的心、带给人失望。同样，借着所用的"字眼"可以让别人了解我们崇高的心志和由衷的愿望。

很多成功人士就是因为善于运用"字眼"的力量，才大大激励了当时人们的心境，决心跟随这些成功人士，结果才塑造出今天的成就。事实也是如此，用对了字眼时，不仅能打动人心，同时更能带出行动，而行动的结果便展现出另一种人生。

当帕特里克·亨利站在十三州代表之前慷慨激昂地说道："我不知道其他的人要怎么做，但就我而言，不自由毋宁死。"这句话激发了几代美国人的决心，誓要推翻长久以来骑在他们头上的苛政，结果造成燎原之火，美利坚合众国于此诞生。

曾有一位美国伟人演讲道："当我们今天得以享受到充分的自由时，不要忘了独立宣言，虽然那没有几句话，却是二百多年来所给予我们每个人的保障。同样地，当我们这些年致力于种族平等时，不要忘了那也是因为某些字眼的组合而激发出来的行动所致，请问谁能忘记美国马丁·路德·金博士打动人心的那一次演讲，他说道：'我有一个梦，期望有一天这个家能真的站立起来，信守它立国的原则和精神……'"

当然，话语的影响力并不只限于美国，第二次世界大战期间，英国正处于风雨飘摇之际，有一个人的话激起了英国全民抵抗纳粹的决心，结果他们以无比的勇气挺过了最艰苦的时刻，打破了希特勒部队所向无敌的神话，那个人就是已故英国政治家丘吉尔。很多人都知道成功的人生就是由那些具有威力的话所谱写而成的，然而却很少有人知道那些伟人的背后所拥有的语言力量却也能够在我们的身上找到，这能改变我们的情绪、振奋意志，乃至于有胆量敢于面对一切的挑战，使人生过得更加丰富、精彩。

人生中,时时刻刻都要选择使用恰当的字眼,它可以振奋我们的情绪与心境,相反,如果选择使用消极的字眼,很快就会使自己自暴自弃,遗憾的是人们常常不留意所用的字眼,以致错失唾手可得的大好机会,我们务必要重视使用字眼的重要性。

因此,我们要注意跟他人谈话时,用词一定要谨慎,留意自己习惯用的字眼,同时还要明白,所用的字眼也会深深影响自我的情绪,也会影响人们的心理感受。如若我们不能好好掌握如何用字,而随着以往的习惯继续不加选择地用字,很有可能就会扭曲所历经的事实,错过成功的机会。

一个人若是只拥有有限的词汇,那么他就只能体验有限的情绪,反之若是他拥有丰富的词汇,那就有如手中握着一个可以调出多种颜色的调色盘,可以尽情挥洒你的人生经验,不仅为别人,更可以为自己。

七、妙用语调,抑扬顿挫能感染听者

语调,就是说话的腔调。从严格定义上说,语调应表述为:整句话和整句话中某个语言片段在语音上的抑扬顿挫,包括全句或句中某一片段的声音的高低变化,说话的快慢(即音的长短和停顿)以及轻重等。在口语交际中,语调往往比语义能传递更多的信息,能对听众的心理产生极其微妙的特殊作用,因此更为重要。

在波兰有位明星,人们都称她为摩契斯卡夫人。一次她到美国演出的时候,有位观众请求她用波兰语讲句台词。于是她站起来,开始用流畅的波兰语念出台词。观众们虽然不了解她台词中的意思，却觉得听起来令人非常的愉快。

摩契斯卡夫人接着往下念，语调渐渐转为低沉。最后在慷慨激昂、悲怆万分时戛然而止。台下的观众鸦雀无声，同她一起沉浸在悲伤之中。而这时，台下传来一个男人的笑声，他就是摩契斯卡夫人的丈夫——波兰的摩契斯卡伯爵，因为他的夫人刚刚用波兰语背诵的是九九乘法表。

即使不明白其意义，也可以使人内心受到感动，甚至可以完全控制对方的情绪。抑扬顿挫的语调竟然对他人内心有如此不可思议的魅力，可见我们开口说话时注意自己的声音有多么重要。

希腊哲学家苏格拉底说："请开口说话，我才能看清你。"正因为他了解人的声音是个性的表达，声音来自人体内在，是一种内在心理的剖白，因此人的声音中可能会透露出畏惧、犹豫和缺乏自信，也有可能透露出喜悦、果断和热情。

我们说话的声音，也必须和音乐一样，能够渗进人们心中，照顾到对方心理，才能达到说服别人的目的。在表示有疑问的时候，可以稍微提高句尾的声音；要强调的时候，声音的起伏可以更大些；要表现强烈的感情时，可以把调子降低或逐渐提高。

总之，绝对不能使语气单调，而只有音阶的变化才能加强说服力。热情会在音阶的变化中展现，并且能够感染听者心灵，从而在听者内心产生说服的力量。

如果说话时，只是抓住了字词的表面意义，那么也就只是用"借来的字词"在传达而已，这并不是个很高明的说话者。应该把这些字词的意义充分地表达出来，并且加上对它们的爱，那么我们的表达才是完整的，感情也才能充分地表露出来。要想使语调生动有趣感染听众身心，让他人喜欢听我们说话，就要做到以下几点：

1、掌握有特色的各种句调

一句话富有表现力，因为它声音有高有低，有快有慢。声音的高低是由声带的松紧决定的，声带拉紧，声音就变高；声带放松，声音就变低。我们说话可以自由地控制声带的松紧，使之发出不同的高低音。一句话声音的高低变化叫做句调。句调是语调中主要的内容。

句调可分升调、降调、曲调、平调四种。升、降、曲、平四调，各具特色。只有掌握句调的特点，才能灵活表达出各种句调。

（1）升调。

这种句调前低后高，整个句子的后半句明显升高，句末音节高亢，一般用于提出问题、等待回答、感情激动、情绪亢奋、句中顿歇、意犹未尽、发号施令、宣传鼓动、惊异呼唤、出乎意外等场合。

（2）降调。

这种句调先高后低，但声音不是明显下降，只是逐渐降低，句末音节短而低。在口头交际中，降调的使用最为常见，它多用于情绪平稳的陈述句、感情强烈的感叹句、表达愿望的祈使句。

（3）曲调。

这种句调由高转低，自低升高，或由低转高，再降低。曲调能表达出复杂的情绪或隐晦的感情，所以常用于语义双关、言外有意、幽默含蓄、讽刺嘲笑、意外惊奇、有意夸张等处。

（4）平调。

这种句调变化不大，平稳、舒缓，多用于表达分量转重的文句，如庄重严肃、冷淡漠然、思索回忆、踌躇不决等。

2、语调多样化

说出的话中含有语调才能显得抑扬顿挫。抑扬顿挫构成语言自然和谐的音乐美，能细致表达思想感情和语气，使语言更富有吸引力。一般来说，语调越多样化，越生动活泼，其吸引力就越大。分寸感是语调正确的首要条件。每句话都可以用不同的语调来说，但不同的语调给对方的内心信息刺激也是不同的。同样一句话，由于语调不一，就可能给人不同的理解，不同的内心感受，文明语言可能揭示不尊敬对方的信息；相反，有少些不礼貌的语言在非常亲近的人当中，却给人揭示一种亲密无间的信息，关键在于语调分寸感的使用。恰当地运用不同的语调，是衡量一个人口头表达能力的重要标志，也是让听者产生不同心理感受的重要因素。

3、控制说话的轻重快慢

人们说话都有轻重快慢之分。一般来说，重要的词语或需要强调的内容说得重些，句子中的辅助成分或平淡的内容说得轻些。说话轻重适宜，能使语意分明，声音色彩丰富，语气主动活泼，语言信息中心突出，从而引起听者的注意，引导听者的思路，易于被人从内心深处理解和接受。说话的轻与重，是相对而言的。太轻，容易使听者内心减少兴趣；太重，也容易给听者内心造成突兀的感觉。应根据说话的内容，该轻则轻，该重则重。使人感到音节错落有致，舒服畅快。

语速应根据交际场合和个人表情达意的需要而选择。运用恰当的语速说话，是控制语调的主要技巧。在需要快说时，语速流畅，不急促，使人听得明白；在需要慢说时，不能拖沓，要声声入耳。语速徐疾，快慢有节，才能使言语富于节奏感。听者处在良好的倾听环境里，才能不疲劳，并且增强语言的感染力。

语调对于有声语言表达的效果有重要的作用。语调不仅能成功地表达一个人的心理和性格，还可以表达说话者微妙的内在感情。不同的语调，可以给对方不同的心理感觉效果。一句话起什么作用，产生什么效果，给听者什么感受，取决于说话者的语气和语调。

八、让委婉来得更亲切一些

　　生活就是一个舞台，虽然说心有多大舞台就有多大，但在舞台上一味地直抒胸臆、出言不逊，就往往会有损于自己的个人形象，不招他人喜欢，甚至一定程度上让人内心反感。这就涉及语言的委婉性、得体性问题。以此为基点，运用适当的语言表达手段，不仅能树立起谦逊成熟的形象，还有利于彼此内心的思想交流和交往目的的达成，让他人喜欢与我们交流与沟通。

　　有这样一则故事，有一家新开的理发店，门前贴着一副对联："磨刀以待，问天下头颅几许；及锋而试，看老夫手段如何！"这看似气势恢弘的对联，内容上却是磨刀霍霍、令人胆寒，结果吓跑了不少顾客，这家理发店也自然是门可罗雀。

　　而另一家理发店的对联就以含蓄见长："相逢尽是弹冠客，此去应无搔首人"，上联取"弹冠相庆"之典故，含有准备做官之意，符合理发人进门脱帽弹冠之情形；下联意即人人中意、心情舒畅。此联语意婉转，结果这家理发店生意兴隆。

　　不难看出，书面语言的委婉含蓄有着重要的益处，这在我们的日常言语交谈中也同样适用。

　　英国思想家培根曾说过："交谈时的含蓄和得体，比口若悬河更可贵。"在言谈中，有驾驭语言功力的人，总会自如地运用多种表达方式并不断探索各种语言风格。

虽然有些话非直言不讳不行，但生活中并非处处都能"直"，有时还非得含蓄、委婉些，使其表达效果更佳，让对方内心更容易接受与认同。"球王"贝利在绿茵场上的超凡技艺不仅令万千观众心醉，而且常使场上对手叫绝。尽管他不知踢过多少好球，但当他创造进球数满一千纪录后，有人问他："您哪个球踢得最好？"贝利笑笑回答："下一个。"无独有偶，巴黎的大铁塔可谓举世闻名，可是它的设计者——埃菲尔，却一度鲜为人知，他曾用微妙的俏皮话表达他难以形容的心情："我真忌妒铁塔。"一句婉言，包容了万语千言。

同时，很多时候，委婉还是说服别人或促使听者内心反省自查的"温柔"武器。

有一次，居里夫人过生日，丈夫皮埃尔用一年的积蓄买了一件名贵的大衣，作为生日礼物送给爱妻。当她看到丈夫手中的大衣时爱怨交集，她既想要感激丈夫对自己的爱，也想要说明不该买这样贵重的礼物，因为那时试验正缺钱。于是，她婉言道："亲爱的，谢谢你，谢谢你，这件大衣确实谁见了都是喜欢的，但是我要说，幸福是内涵的，比如说，你送我一束鲜花祝贺生日，对我们来说就好得多。只要我们永远一起生活、战斗，比你送我任何贵重物品都要珍贵。"这一席话使丈夫认识到自己花那么多钱买礼物确实欠妥当。

可以说，委婉是一种修辞手法，即在讲话时不直陈本意，而是用委婉之词加以烘托或暗示，对于这样的心理语言越是揣摩，似乎含义也越深越多，因而也就越具有吸引力和感染力。

有时，人们用故意游移其词的手法，既不违背语言规范，又会给人以风趣之感。比如，有人在谈及某人相貌丑陋时说"长得困难点"，在谈到对一件事、一个人有不满情绪时，说他对此人此事有点"感冒"等，都能曲折地表达事情的本意。

当然，使用委婉语，必须注意避免晦涩艰深。谈话的目的是要让人听懂，如一味追求奇巧，会使他人"丈二和尚摸不着头脑"，甚至造成误解，必然影响表达效果。要做到语言含蓄，须善于洞悉谈话双方的心理情景和宗旨，还要练就随机应变的本领，这样才会使语言得心应口、别有新意，才能让听者从内心深处能轻松接受而又愿意接受。

九、用自信与热情感染他人

言谈中，几乎所有的人都怀疑选择的题目是否会引起他人内心的兴趣，其实除了这个问题之外，更重要的办法是：点燃自己对这个话题的狂热之情。这是激发对方产生心理共鸣的又一重要因素。

对自己所要说的话题要有深刻的感觉，这极为重要，除非你对这个话题有特别的偏爱，否则就别想让听者从内心深处相信你。只有用热诚而形成的说服力，才会在他人内心形成深刻而又持久的印象，久久刻在人们的脑海中。

在纽约一家极具知名度的销售公司里，有个销售员经常提出反常的论调，说自己能使兰草在无种子、无草根的情形下生长，他将山胡桃木的灰烬撒在田地里，然后转眼间兰草就出现了。所以他坚决相信山胡桃木灰是兰草生长的原因。在对这件事情进行评论时，有人指出，销售员这种非凡的发现，若是真的，可在一夜之间使他成为巨富，因为兰草的种子价格很昂贵，而且这还会使他成为人类历史上一位杰出的科学家。但事实是根本不可能有这种奇迹发生。

这是个很明显的错误。没有人能从无机物里培植出生命。但这个销售员连想都没想，立即站起来反驳，大声说他自己没错，只说自己还没有引用论据而只是陈述经验而已。

因此，他继续说下去，扩大了原先的论述，提出了至关重要的资料，举出了更多的证据，他的声音中透露出无限的真诚。有人再一次反驳他，说这是不可能的，他百分之百错误。他马上又站起来，提议可赌五块钱，让美国农业部来解决此事。

经过几次争论，情况发生了很大变化，现场一半以上的人支持销售员的观点。

有人问那些改变主张的人，是什么改变了自己最初的观点，他们都说是讲演者的热诚和态度让他们对自己的常识产生了怀疑。

毋庸置疑，销售员的结论肯定是错误的。但这件事可以给人很大的启示，那就是：说话者如果真的确信某件事，并热切地谈论它，便能使人相信。即使是说自己能从尘土和灰烬中种植出兰草也无所谓。既然这样，那么人们头脑中归纳、整理出来的信念，并且是正确的常识和真理，更会有强大的力量让人们信服。

曾有人问前美国驻意大利大使理查德，他是如何成为一个意趣无穷的作家的，他成功的秘诀是什么。理查德说他非常热爱生命，所以不能静下来不动。他只觉得必须把内心涌动的意念告诉人们。对于像理查德这样的作家，不被他吸引才怪。

有一位叫夫林的先生，他从一家报社所发行的一本小册子里仓促而肤浅地搜集了一些关于美国首都的资料，然后演讲，虽然在华盛顿住了许多年，但他却不能举出一件亲自经历来证明自己喜欢这个地方，所以，他的演讲听起来枯燥、无序、生硬，他讲得很痛苦，大家听得也很难过。

两周后，发生了一件事。夫林先生的新车停放在街上，有人开车将它撞得粉碎，并且逃逸无踪，他当时非常生气。但这件事是他的亲身经历，当他说起这辆被撞得面目全非的汽车时，讲得真真切切，滔滔不绝，怒火冲天，就像苏维尔火山喷发一样。两周前，同学们听他的演讲时还觉得烦躁无聊，在椅子上坐立不安，现在却都给以了他热烈的掌声。

一个人的热情，就像是在我们的面前摆了一个强有力的事实，在我们内心深处一遍遍敲打并告诉我们说：这一切都是事实，毋庸置疑，就像说话者的热情一样，让人无法抗拒。说话时，保持充满活力的热情，能让他人从我们身上读到积极而又肯定的信息，便会消除内心对我们的怀疑，同时，被我们身上的自信与热情感染，会给他人留下深刻的印象，能更容易俘获他人的心，打动对方。

总之，把充满崇拜式的热情投入到我们的谈话中，我们就能征服这个世界，征服他人。

十、和惹人厌的说话习惯"byebye"

不良的言语谈吐习惯是与人交谈时较为忌讳的，作为男性，会让你的能力、权威及说服力大大受损；而作为女性，它会使你失去自己应有的魅力和吸引力，使人在初次听到你的声音时退避三舍，内心充满厌恶之感。

与人交谈时，即便我们的谈话内容很引人入胜，也会因为不良的言语谈吐习惯而大打折扣，让他人内心无法积极接受。下面就是一些不良的说话习惯。

一是用鼻音说话。这是一种常见且影响极坏的缺点，当使用鼻腔说话时，就会发出鼻音。用大拇指和食指捏住鼻子，所发出的声音就是一种鼻音。

当第一次与人见面时，如果使用鼻音说话，就不可能吸引他人的注意。这会让人听起来像在抱怨，毫无生气、十分消极，而且会带给对方内心不积极的信息。此外，如果说话时嘴巴张得不够，声音也会从鼻腔而出。

当我们说话时，上下齿之间最好保持半寸的距离。鼻音对于女人的伤害比男人更大，不会有一位不断发出鼻音，却显得十分迷人的女子，如果期望自己在他人面前具有极大的说服力，或者令人心旷神怡，那么最好不要使用鼻音，而应使用胸腔发音。

二是有口头禅。在我们平常与人讲话或听人讲话之时，经常可以听到"那个、你知道、他说、我说"之类的词语，如果在说话中反复不断地使用这些词语，那就是口头禅。口头禅的种类繁多，即使是一些伟大的政治家在电视访谈中也会出现这种毛病。

有时，我们在谈话中还可以听到不断的"啊"、"呃"等声音，这也是一种口头禅，请记住奥利佛·霍姆斯的忠告——切勿在谈话中散布那些可怕的"呃"音。如果有录音机，不妨将自己打电话时的声音录下来，听听自己是否有这一毛病。一旦弄清自己的毛病，那么在以后与人讲话的过程中就要时时提醒自己注意这一点，当我们发现他人使用口头禅时，内心也会感到这些词语是多么令人烦躁，多么单调乏味，也是同样的道理。

三是小动作过多。检查一下自己，是否在说话途中不停地出现以下动作：坐立不安、蹙眉、扬眉、扭鼻、歪嘴、拉耳朵、扯下巴、搔头发、转动铅笔、拉领带、弄指头、摇腿等，这些都是一些影响说话效果的不良因素。当我们说话时，听众就会被这些动作所吸引，他们会看着这些可笑的动作，内心根本不可能认真听我们讲话。

有一位公司老板，当他演讲时，总是让自己的秘书与观众站在一起，如果他的手势太多，秘书就会将一枝铅笔夹在耳朵之上以示提醒。当然我们不可能人人做到如此，但在讲话时，完全可以自我提示，一旦意识到自己出现这些多余的动作，赶紧改正。

四是你的眼神心不在焉。当与别人握手致意时，彼此便建立了一种身体上的接触，眼神的交汇作用也同样重要，通过相互传递内心渴望保持友好的眼神，彼此可以建立一种良好的人际关系。

眼神不仅可以向他人传递心理信息，也可以从他人的眼神中接收到某些信息。我们似乎可以听到他们说："真有意思！""真令人讨厌。""我明白了。""我被你给弄糊涂了。""我准备结束了。""我十分乐意听你讲话。""我不想和你讲话。"等，因此，切不可忽视眼神的作用。

针对上面的几点，我们也可以审视一下自己是否有上面所说的那些坏习惯，这就需要我们去留心克服。过多惹人厌的说话习惯，只会转移他人注意力，从内心忽视我们的说话内容，同时也会给自己的个人形象大打折扣，觉得我们不是值得信赖做大事的人，因此，要想让他人真正信赖我们并乐于交往，一定要和惹人厌的说话习惯说"byebye"。

第五章 困境心理反应：
临危不乱，机智巧妙方可得人心

说话不是一件简单的事情，而说好难说的话更是不容易。怎样说既能摆脱尴尬不利的境遇，又能让人觉得恰如其分，够火候，同时也能给他人有力警示，这就需要从他人的心理出发，深谙说话艺术方可。

一、用委婉含蓄的语言拒绝对方

任何人都有得到别人理解与帮助的需要,任何人也都常常会收到来自别人的请求和希望,可是,在现实生活中,谁也无法做到有求必应,所以,深谙他人心理,从对方的角度出发,掌握好说"不"的分寸和技巧就显得很有必要。

要拒绝、制止或反对对方的某些要求、行为时,你可以利用那个人的原因作为借口,避免与对方直接对立。比如,你的同事向你推销一套家具,而你却并不需要,这时候,你可以对对方说:"这样的家具确实比较便宜,只是我也弄不清楚究竟怎样的家具更适合现代家庭,据说有些人对家具的要求是比较复杂的,我的信息也太缺乏了。"

在这种情况下,同事只好带着莫名其妙或似懂非懂的表情离去,因为他们听出了"不买"的意思,想要继续说服你什么,"更适合现代的家庭",却是一个十分笼统而模糊的概念,这样,即使同事想组织"第二次进攻",也因为找不到明确的目标而只好作罢。

当别人有求于你的时候,很可能是在万不得已的情况下才来请你帮忙的,其心情多半是既无奈而又感到不好意思。所以,先不要急着拒绝对方,而应该尊重对方的内心愿望,从头到尾认真听完对方的请求,先说一些关心、同情的话,然后再讲清实际情况,说明无法接受要求的理由。由于先说了一些让人听了内心产生共鸣的话,对方才能相信你所陈述的情况是真实的,相信你的拒绝是出于无奈,因而也能够从内心理解你。

例如,有个人想请长假外出经商,来找他的医生朋友想让对方出具一份假的肝炎病历和报告单。对此作假行为医院早已多次明令禁止，一经查实要严肃处理。于是该医生就婉转地把他的难处讲给朋友听，最后朋友说："我一时没想那么多，经你这么一说，我也觉得这个办法不行。"

这样的拒绝，既不会影响朋友间的感情，又能体现出你的善意和坦诚。

拒绝对方，你还可以幽默轻松、委婉含蓄地表明自己的立场，那样既可以达到拒绝的目的，又可以使双方摆脱尴尬处境，活跃融洽气氛。

美国总统富兰克林·罗斯福在就任总统之前，曾在海军部担任要职。有一次，他的一位好朋友向他打听在加勒比海一个小岛上建立潜艇基地的计划。罗斯福神秘地向四周看了看，压低声音问道："你能保密吗？""当然能。""那么"，罗斯福微笑地看着他，"我也能。"

富兰克林·罗斯福用轻松幽默的语言委婉含蓄地拒绝了对方，在朋友面前既坚持了不能泄露的原则立场，又没有使朋友陷入难堪，取得了极好的语言交际效果。以至于在罗斯福死后多年，这位朋友还能愉快地谈及这段总统逸事。相反，如果罗斯福表情严肃、义正辞严地加以拒绝，甚至心怀疑虑，认真盘问对方为什么打听这个、有什么目的、受谁指使，岂不是小题大做、有煞风景，其结果必然是两人之间的友情出现裂痕甚至危机。

委婉的拒绝既能照顾到对方的心理情绪与状态，又能让对方知难而退。例如，有人想让庄子去做官，庄子并未直接拒绝，而是打了一个比方，说："你看到太庙里被当做供品的牛马了吗？当它尚未被宰杀时，披着华丽的布料，吃着最好的饲料，的确风光，但一旦到了太庙，就被宰杀成为牺牲品，再想自由自在的生活着，可能吗？"庄子虽没有正面回答，但一个很贴切的比喻已经回答了，让他去做官是不可能的，对方自然也就不再坚持了。

二、用巧妙的回答还击对方

生活中我们常常会面临一些"两难"问题，这些问题就是不论你回答"是"或"否"都可能给你带来麻烦。面对这样的问题，先不要急于给出答案，一定要在心里想好了再说。

一些让人难以回答的问题，经常会带有对方内心明显的挑衅色彩，这时候可以采用同样的方式以牙还牙的对它进行巧妙的回击。

乡间，一无赖站在十字路口拦住一位过路的姑娘："你说，我是要往东去，还是要往西去？猜中了就放你走。"对此，姑娘怎么答都不会对，因为他的问话不集中，并非非此即彼，还有南和北。这时，姑娘掏出手绢揉成一团："女士优先。请让我先问你一个问题好吗？"无赖有恃无恐，便答应了。姑娘便说："你猜猜，我这手绢是要丢向东边，还是丢向西边？"无赖当然同样不能答，只好让姑娘走了。

这位姑娘以其人之道还治其人之身，既维护了自己的利益，又有力地回击了对方的无理要求，可谓一举两得。

要想恰当地回答好别人提出的问题，就要多动动脑子，以牙还牙，当仁不让，才能摆脱"两难"问题的困境，掌握谈话的主动权，如果不假思索，凡事脱口而出，通常只会给自己带来很多难于解决的问题和麻烦。

有一个常以愚弄他人为乐趣的人，名叫旺财。这天早晨，他正在门口吃着包子，忽然看见王大爷骑着毛驴哼哼呀呀地走了过来。于是，他就喊道："喂，吃个包子吧。"王大爷连忙从驴背上跳下来，说："谢谢你的好意。我已经吃过早饭了。"旺财一本正经地说："我没问你呀，我问的是毛驴。"说完得意地一笑。

王大爷以礼相待，却反遭一顿侮辱。他非常气愤，可是又难以责骂这个无赖。旺财又说："我和毛驴说话，谁叫你插嘴来着？"

于是大爷猛然地转过身子，照准毛驴脸上"啪、啪"就是两巴掌，骂道："出门时我问你城里有没有朋友，你斩钉截铁地说没有。没有朋友为什么人家会请你吃包子呢？""叭叭"，对准驴屁股，又是两鞭子，说："看你以后还敢不敢胡说。"

说完，翻身上驴，扬长而去。

大爷的反击力相当强。既然你以你和驴说话的假设来侮辱我，我就姑且承认你的假设，借教训毛驴，来嘲弄你自己建立和毛驴的"朋友"关系，给这个人一顿教训。

可见，抓住对方破绽，以牙坏牙的回敬话题，是一个很好的还击方式。"你敬我一尺，我敬你一丈"，谈话中就是这样，面对无礼嘲弄自己的人，恰当地还以颜色才是最佳的答话方式。

当人们碰到无礼的攻击，运用以牙还牙法，进行回击时，能将对方抛过来的话题巧妙的还给对方，使对方自食恶果，让对方内心受挫及时收兵。

对无理行为进行语言反击，不能说了半天，不得要领，或词软话绵。而要做到打击点要准，一下子击中要害；反击力量要猛，一下子就使对方哑口无言。

有这样一则故事：

一天，有个地主在家里喝酒。正喝得高兴时，酒壶里没酒了，他连忙喊来长工给他打酒。

长工接过酒壶问:"酒钱呢?"地主很不高兴,瞪了长工一眼:"有钱打酒算什么本事?"

长工拿着酒壶默默地走了。过了一会儿,长工端着酒壶回来了,地主暗自高兴,接过酒壶,可一看,壶里是空的,地主冲长工喊:"怎么没有酒?"这时长工不慌不忙地回答:"壶里有酒才能倒出来算什么本事?"

长工为了反驳地主"有钱能买酒不算本事"的荒谬观点,先假设其论断是正确的,然后由此推出一个同样荒谬的观点,"有酒才能倒出酒来不算本事",让地主无言以对。

由于场合、身份等条件的限制,当以谬治谬的反击不能像上面那个长工一样地简捷,针锋相对在语言交流中进行时,要顺水推舟,顺藤摸瓜,经过有目的、有计划地层层诱导,才能使对方在不知不觉中入彀,使对方自己否定自己的观点。但无论是直截了当地反击,还是诱导对方自己否定自己,都要抓住来自对方内心的要害,步步紧逼,语出有力,以理服人。

一个贫穷的行人,蹲在一棵树下,吃着他随身包袱中带的简单饭食。旁边有个女摊贩正在煎鱼。这个女摊贩一直在仔细打量着行人,瞧着他吃饭。等他一把饭吃完,她便朝他伸手说:"给我2角5分硬币,这是买煎鱼的钱。"

"可是,太太,"贫穷的行人抗议道,"我连靠都没靠近你的摊子,更不用说拿过你的鱼了。"

"你这个财迷!你这个骗子!"那人嚷起来,"谁没看见,你刚刚吃饭那阵子,一直都在品尝我煎鱼的香味呀!没有这香味,你光吃大米饭,能吃得那么可口吗?"

这时,聚集了大群围观的人。虽然大伙儿同情这个行人,但也不得不承认,当时风一定把煎鱼的香味带给了行人。

最后，女摊贩竟拉着行人来到法官面前要讨个公道，法官判决道："该女摊贩坚持说，该行人吃饭时利用了她煎鱼的香味，风确实把煎鱼的香味吹进过他的鼻孔，因此他必须付钱。兹命令该女贩和该行人都离开法庭，走到太阳光下面，该行人拿出2角5分硬币。在阳光下硬币就会投下影子，该女贩收下这影子就行了。因为，既然一盘煎鱼的价钱值2角5分硬币，那么，一盘煎鱼的香味必然值得2角5分硬币的投影。"

刁钻的女摊贩听完判决，气得话都说不出来。聪明的法官并没有直言对方假设的荒谬，而是顺着她给出的前提，得出另外一个答案，"既然一盘煎鱼的价钱值2角5分硬币，那么，一盘煎鱼的香味必然值得2角5分硬币的投影"，将女摊贩弄了个哑口无言，严重打击了女摊贩的嚣张气焰。

面对别人的故意刁难，一定要想办法脱身，不能支支吾吾答不出话来，也不能失去理智，大骂出口。即可以回击对方，又能够保住形象的方式就是以牙还牙。按对方提出来的话题进行回答，又将这个问题抛给对方，使对方陷入尴尬，这就是运用这种方式还击的妙处所在。

以牙还牙法，讲求快、狠、准，要求将对方射过来的"箭"不假思索的射回去，起到激烈的内心撞击作用，只有这样，才能达到还击的目的。

三、机智摆脱尴尬局面

言语交谈中，我们常常会面对他人无意或者刻意造成的困境，给我们制造难以摆脱的尴尬与难堪。但很多时候，为了利益，为了生存，我们也不能只处于被动的境地，应当采取积极机智而又有意义的回应，不仅能达到缓解尴尬的作用也能让他人感叹我们的机智与说话技巧。处在这些被制造的尴尬境地时，有时不妨运用"秀才遇到兵，有理说不清"的"老粗"策略。

故意使用对方所无法理解的语言，或者故意装做听不懂对方的语言，让对方在与我们进行沟通时从而在心理上产生挫败感，并激发他的火气或者能在一定程度上意识到与我们再进行纠缠并无半点益处，最后只能主动投诚。

同时，在另外一种程度上，他若发火，则我们已立于不败之地，因为发脾气给人的感觉总是理亏，如果他不发作而隐忍，也必定会搅乱其内心思维，使其不知不觉地处于心理劣势。

曾经有一个在包子铺帮忙卖包子的女孩子，平日只是干活，并不多话，和人聊天，总是面带微笑。由于这家包子店的生意特别好，附近小店铺里的人很是妒忌，便找一些难伺候的顾客，故意前去找茬，挑三拣四，没事找事儿。这天，来了一位中年女子，硬说包子里的辣椒，把她的喉咙给辣坏了，谁知那位女孩只是默默笑着，一句话也没说，只偶然问一句"啊？"最后，那个找茬的顾客，主动鸣金收兵，但也已气得满脸通红，一句话也说不出来。

也许很多人会说，那个沉默女孩子的"修养"实在太好了，其实事实不是这样，而是那位女孩子听力不大好，理解别人的话时总是要慢半拍，而当她仔细聆听你的话语并思索你话语的意思时，脸上又会出现"无辜"、"茫然"的表情。那个中年女子对她发作那么久，那么卖力，她回以的却是这种表情和"啊"的不解声，难怪对方斗不下去，只好鸣金收兵了。

其实，装聋作哑的力量是巨大的，面对"沉默"，所有的语言力量都消失了。

只要有人的地方，就会有斗争。在人性丛林里本来就是弱肉强食，因此要有面对不怀善意的力量的心理准备；我们可以不去攻击对方，但保护自己的"防护网"一定要有，聪明人的举动是：不如装聋作哑。

聋哑之人是不会和人起纷争的，因为他听不到、说不出，别人也不会找这种人斗，即便斗了也是白斗。不过大部分人都不聋又不哑，一听到不顺耳的话就会回嘴，其实一回嘴就中了对方的计，不回嘴，他自然就觉得无趣了，内心的嚣张气焰也会逐步消失殆尽；如果他还一再挑衅，只会凸显他的好斗与无理取闹罢了，因此面对对方的沉默，这种人多半会在几句话之后就仓皇地"且骂且退"，离开现场，如果我们还装出一副听不懂的样子，并且发出"啊"的声音，那么更能让对方"败走"。

不过，要"作哑"不难，要"装聋"可不易，要培养自己对他人言语"入耳而不入心"的功夫不是一件容易的事情。

装聋作哑，除了以不战而胜之外，也可避免自己成为别人的目标，而习惯装聋作哑，也可避免自己去找人麻烦，有时还可以让心理状态从不利变有利，好处甚是不少。

一辆列车上，一位身着便服的侦察员走进厕所。冷不防，一个艳装妙龄女郎一闪身也挤进了厕所，反手将门关上："先生，把你的手表和钱包给我。否则，我就喊你侮辱我！"一切来得这么突然。侦察员深知，在厕所里没有其他人，辩解是毫无作用的。稍一迟缓，这个女郎立即会使自己身败名裂的。陷入困境的侦察员临机应变，突然张着嘴巴，不停地"啊，啊"，又指指自己的耳朵，摆摆手，装成一个十足的聋哑人，表示不懂女郎说些什么。

女郎为难了，赶忙打手势。侦察员仍然窘急地"啊啊"着。女郎失望了，真倒霉，偏偏碰上了个聋哑人！她正想转身离去。此刻，"聋哑人"一把抓住女郎,抽出钢笔递给她,打手势请她将刚才说的话写在手上。女郎不禁转忧为喜,接过钢笔就在侦察员的手上写道:"把你的手表和钱给我。不给,我就喊你侮辱我!"侦察员翻转手掌,抓住女郎说话了:"我是便衣警察,你犯了抢劫罪,这就是铁的证据!"

女郎目瞪口呆……

这位便衣警察就是装聋作哑,靠机智和勇敢战胜了犯罪分子。面对生活中的许多困境,有许多场合都可以使用"装聋作哑"的办法,躲开别人说话的锋芒,然后避实就虚、猛然出击,势必会给他人内心以沉重打击。但在装聋作哑的过程中,一定要抓住关键所在,那就是躲闪避让的机智,虽是"装作",正如实施"苦肉计"一样,一定要表演得自然。

"装作不知道",就是指对别人的话装作没有听到或没有听清楚,以便避实就虚、猛然出击对方的心理弱点。说辩的锋芒不在于传递何种信息,而是通过打击、转移对方内心的说辩兴致使之无法继续设置窘迫局面,化干戈为玉帛,能够寓辩于无形,不战而屈人之兵。

四、巧妙地运用暗示

春晚上郭冬林表演的那个《实诚人》的小品相信大家印象都很深刻:夫妇俩准备去听音乐会,谁知同事造访,时间已经来不及了,但又不好意思开口而引发的一系列笑话。

在日常生活中,我们常常会遇到这样的情况:当我们有事情要办,时间很紧张时,朋友却突然造访或久久不能离开,这个时候我们走也不是，不走也不行，处境就会很尴尬。如果不说会耽误自己的事情，如果直接说又会伤及别人的自尊和彼此的感情。这个时候，我们就要动动心思，想一个两全其美的办法，既不伤害他人面子，照顾到客人的心情，又能迅速抽身。这个最好的办法就是采用暗示的方法让对方会意而主动离开。

一天，娜娜家里来了一位客人，坐在客厅里一直聊，很长时间都没有离去的意思。

而娜娜还有其他事要做，屡次示意客人，但那客人却"执迷不悟"。无奈之下，娜娜心生一计，对他说："我家的木兰开得正好，我们到园子里去看看好吗？"

客人欣然而起，于是娜娜陪他到花园里观赏木兰。

看完后，娜娜趁机说："还回去坐坐吗？"

这时，客人看看天色，恍然大悟，连忙说道："不了不了，我该回家了，不然会错过末班车的。"

娜娜巧妙地运用了暗示，既迅速地抽了身，又顾及了客人的面子与心理。这类事情看似虽小，但如若不注意，生硬的赶走客人的话，势必会伤害他人的自尊心，以后没有人会再理睬我们，当我们造访他人时，也必定会遭此冷遇。

某天晚饭后，几个学生去拜访他们的教授。谈到深夜兴致很高还没要走的意思，教授上了一天的课，感到有些累了，便接着其中一个学生的话题说："你提的这个问题非常有研究价值，明天我要去山东参加一个学术会，准备就这个问题找几位专家一起探讨一下。"

几个学生立刻起身告辞："抱歉，不知您明天还得出差，耽误您休息了。"

教授很机智的把学生打发走了，既照顾了学生热切的心情，又没有将学生冷漠的推之门外，而是借用学术性的借口，这就与其特定的交际场合、对象、自身的身份相称，实现了和谐沟通。倘若教授直言改日再谈，倒也可以达到辞客的目的，然而这样却会把学生内心置于尴尬的境地，并且如果那样也有失教授慈祥和蔼的形象。

其实更多的时候，我们在交谈中常常会忘了时间，但绝大多数时候我们内心并没有意识到自己这样做会影响到别人，所以不能采用直接拒绝的方式。采用暗示的心理策略让对方自己从内心意识到自己的行为并主动离开既显得自己很有礼貌，也表达了对别人的尊重。

当然，对于很熟悉的朋友，就没有必要如此煞费苦心了，我们可以直接告诉他，还有重要的事要做，不能久陪，希望他原谅。

五、聪明的人学会自嘲

言语交谈中难免会说错话，说错话自然会让人尴尬，但如果因为内心怕说错话、怕尴尬而不再说话，那无异于因噎废食。没错，说错话的确是一件让人既丢"面子"又伤"里子"的事情，但如若想修炼成一个语言操控的高手，从内心来讲就不能害怕说错话。说错不要紧，重要的是能及时补救，而自嘲就是一种贴心而又实用的补救措施。

自嘲是指自己无意间说错了话时，不妨对自己进行一番善意的攻击。这样不仅可以转移对方关注的焦点，而且还可以在无形中照顾到对方的自尊心，从而使紧张的气氛得以缓和。

新生入校的第一天晚上，宿舍里按照大小排序结束后，老五对老六说："你最小，是我们的宝贝疙瘩，你又姓王，干脆以后叫你'疙瘩王'好了。"谁知说者无心，听者有意，原来老六长了满脸青春痘，这是他心里的一个结，今天又听老五说了这番话，脸色明显阴沉很多。老五也意识到自己说错话了，他赶忙照着镜子说："'蜷在两腮分，依在耳翼间，迷人全在一点点'。唉，小六儿啊，我这真是'一波未平，一波又起'啊！"老六听后不禁哑然失笑。原来，老五本人满脸都是雀斑。

这个老五的自我纠错术堪称高明，当他意识到自己冒犯了他人后，立即进行了一番自我调侃，并巧借余光中的诗句点明自己也有满面雀斑的缺点，既保全了他人的面子，又照顾了他人的自尊心。"一波未平，一波又起"，既是对自己面部雀斑分布形状的自嘲，又为有口无心而惹来风波的自责。老六当然也明白了，因此便不再生气。

自嘲，能制造和谐的氛围，能使自己活得轻松洒脱，使他人内心感受到你的可爱和人情味。当然，自嘲不是自我辱骂，不是出自己的丑。自嘲是一种工具，如果能把握好分寸就能在适当的时候很好地帮你解围，让我们和谈话的对方都能摆脱尴尬的境地。

当我们不小心与别人发生争论，并在争论时措辞生硬或嗓门过大，使得对方内心感到不悦时，可以说："不好意思，我这个人比较容易激动，刚才又成一只斗鸡了。"相信对方听了这样的话后，会付之一笑并不再计较前嫌。

当我们因为失误而引发了对立情绪时，不妨适时地自嘲一番，其实，获得他人的原谅一点都不难。这就好比正在打架的两个人，一方突然倒地承认自己不是对手，这个时候，只要对方不是无赖恶棍，通常会又好气、又好笑，于是内心也就不再有敌意，说不定还会上前扶"自败者"一把。

巧妙的自嘲可以让人摆脱困境，更能缓解人内心的紧张情绪。当然，造成心理紧张的原因有时是多方面的，我们的应对方法也要因"情"制宜，但最重要的一点，就是把自己的心态放平和，在我们放松自己的时候，也许一切就没问题了。

生活中有太多的变数，谁都不知道下一刻将发生什么，但是有一点却可以明确，适时地进行自我解嘲，可以照顾他人的情绪，放低姿态能赢取他人内心对我们的好感，使我们的人际关系更融洽。个性化、形象化的自嘲往往可以使自己的语言变得有趣起来。必要的时候，自嘲一下吧，自嘲的人会得到别人的尊重，而且还有可能改变自己的人生轨迹。

六、善于寻找话题

不善言谈的人在与人交流中内心很容易陷入尴尬局面，而要想打破这种冷场的局面，就需要我们善于寻找话题，没话找话才足以挽回失控的尴尬局面。同时，善于在冷场时寻找好的话题，也能及时挽救方才的失语状态，改变他人内心对我们的认识与看法。

话题是彼此进行心理交流的媒介，是深入细谈的基础，是进行内心纵情畅谈的开端。没有话题，谈话是很难顺利进行下去的。好话题的标准是：至少在一方心里是熟悉的，能谈；大家感兴趣，内心爱谈；有展开探讨的余地，好谈。

要想找到好的话题，应当遵循以下几个原则：

1、众人都关心的话题

面对交谈的对象，要选择对方内心真正关心的事件为话题，把话题对准他内心的兴奋中心。这类话题是他人心里想谈、爱谈，又能谈的，自然能说个不停。

2、借用新闻或身边的材料

巧妙地借用彼时、彼地、彼人的某些材料为题，借此引发交谈。不仅能避免对方内心对话题本身的生疏感，也能更好地诱发对方循着话题继续下去，激发对方内心对这个话题的讨论兴趣。有人善于借助对方的姓名、籍贯、年龄、服饰、居室等，即兴引出话题，常常收到好的效果。"即兴引入"法的优点是灵活自然，就地取材，其关键是要思维敏捷，能作由此及彼的联想。

3、提问的方式

向河水中投块石子，探明水的深浅再前进，就能有把握地过河；与陌生人交谈，先提一些"投石"式的问题，在略有了解对方的内心思想后再有目的地交谈，便能谈得更为自如。

4、找到共同爱好

问明对方的兴趣，循趣发问，能成功调动对方的积极性，顺利地进入话题。如对方喜爱足球，便可以此为话题，谈最近的精彩赛事，某球星在场上的表现，以及中国队与外国队的差距等，都可以作为话题而引起对方的谈兴。引发话题，类似"抽线头"、"插路标"，重点在引，目的在导出对方潜藏在心底的话茬儿。

5、搭上关系，由浅入深

孔子说，"道不同，不相为谋"，只有志同道合，才能发自内心地谈得拢。我国有许多"一见如故"的美谈。要能真正从内心感到谈得投机，要在"故"字上做文章，变"生"为"故"。

下面是变"生"为"故"的几个方法：

1、适时切入

看准情势，不放过任何说话的机会，适时插入交谈，适时地"自我表现"，能让对方真正充分了解自己，了解自己的内心，也给予自己了解对方心理的机会。

交谈是双边活动,光了解对方内心情绪,不让对方了解自己,同样难以深谈。他人如能从我们"切入"式的谈话中获取教益,双方会更亲近。适时切入,能把自己的知识主动有效地献给对方,实际上符合"互补"原则,奠定了彼此内心"情投意合"的基础。

2、借用媒介

寻找自己与对方之间的媒介物,以此找出共同语言,缩短双方的内心距离。如见一位陌生人手里拿着一件什么东西,可问:"这是什么?……看来你在这方面一定是个行家。正巧我有个问题想向你请教。"对别人的一切显出浓厚的心理兴趣,通过媒介物引发表露自我心迹,交谈也会顺利进行。

3、留有余地

留些空缺让对方接口,使对方感到双方的心是相通的,交谈是和谐的,进而缩短心理距离。因此,和对方交谈,千万不要把话讲完,把自己的观点讲死,而应是虚怀若谷,欢迎探讨,势必会赢得对方心理的好感与愉悦。

七、保持镇定的说话方式

我们常常会面临生活中不同尴尬难堪的局面,但即使没有注意到他人情绪与心理,应变不当,最多搞得自己没面子,或者事情办砸。而面临危害生命或者涉及国家大事的情况时,如若我们不能深谙对方心理而合理说话,就很可能会是一种无法收拾的局面。这就需要面临重大事情的突发情况时,一定要保持镇定的说话方式,在摸准对方心理的基准上，以不变应万变，也会给对方心理造成一定程度的震慑与触动，才可能扭转乾坤，改变局面。

在社会竞争活动中，更是经常面临变幻不定的客观现实。在迅速变化的形势面前，要以不变应万变才行，只会循规蹈矩，不考虑他人心理感受，是不会成为成功的说话高手的。

一天，卓别林带着一大笔款子，骑车驶往乡间别墅。半路上突然遇到一个持枪抢劫的强盗，用枪顶着他，逼他交出钱来。

卓别林满口答应，只是恳求他："朋友，请帮个小忙，在我的帽子上打两枪。"劫匪便在卓别林的帽子上打了两枪。

卓别林说："谢谢，不过请再向我的衣襟打两个洞吧。"强盗不耐烦地扯起卓别林的衣襟打了几枪。

卓别林鞠了一躬，央求道："太感谢您了，干脆劳驾将我的裤脚打几枪。这样就更逼真了，主人不会不相信的。"

强盗一边骂着，一边对着卓别林的裤脚连扣了几下板机，但不见枪响，原来子弹打完了。卓别林一见，连忙拿上钱，跳上车子飞也似地跑了。

这是一个突发性事件，任何人都无法估计它什么时候降临，任何人也无法预先做好应变的准备。卓别林没有慌乱，而是保持镇定的说话方式。按照可能要发生的既定事实来走，顺着歹徒的思路与心理路线来走，按照歹徒要走的方向来说话，从而为自己赢得了逃走的机会。倘若，他慌乱无神的说话，唯唯诺诺的话，势必会被抢走钱，也很可能遭受歹徒的毒打。

有一天，玛丽小姐正在屋里休息，忽然听到门外有声音。她打开门，却见一个持刀的男人，脸上布满杀气，并且恶狠狠地看着自己。

是入室抢劫？是杀人逃犯？

玛丽不禁倒吸了一口凉气，心里打了一个冷颤。她灵机一动，迅速恢复平静，微笑着说："朋友，你真会开玩笑！是卖菜刀吧？我喜欢，我要买一把……"边说边让男人进屋，接着说："你很像我过去的一位好心的邻居，看到你真高兴，你是喝咖啡还是茶……"

本来满脸杀气的歹徒，渐渐腼腆起来。

他有点结巴地说："谢谢，哦，谢谢！"

最后，玛丽真的"买"下了那把明晃晃的菜刀，陌生男人拿着钱迟疑了一会儿真走了，在转身离开的时候，他说："小姐，你会改变我的一生！"

读罢这则故事，我们不仅钦佩玛丽小姐化险为夷的过人智慧，更被她那能融化世界的爱心说话术所折服。一场即将发生的灾难，转眼间被玛丽小姐以机智镇定和爱心话语挽回了，她不但挽救了自己，也挽救并改变了这个未遂的凶徒。这件事看起来悄无声息，回味起来却是惊心动魄。正是因为镇定，才显得悄无声息，正因为玛丽通过对方的神情动作理解这位凶徒的心理，顺着他最初的意愿说话，才平息了这惊心动魄的事件。凶徒的内心是不平静的，假若玛丽这时也不平静的说话，很容易就会激怒凶徒，甚至可能引发杀身之祸。

处理问题不能总用同一种方式。在遇到危机时也一样，也要考虑不同环境，不同对手，不同时间，要采取不同对策，这样才能确保在危机中化险为夷。

人生就是战场，谁也无法预料下一刻会发生什么，但不管要遭遇怎样的局面，都应当做到不管发生什么情况都要保持镇定的说话方式，以不变应万变。

八、巧妙地暗示对方的错误

没有人愿意挨批，不管我们说的有多对，都会在对方心理留下指责的痕迹，这势必会让对方心里很不舒服，所以批语常会产生一些负效应。但是，有些时候这些批评的话又是必须得说出口的，不说出来，难以给他人敲响警钟，让其他人引以为鉴。

当面指责别人，这会造成对方内心顽强的反抗；而巧妙地暗示对方注意自己的错误，他内心便会真诚接受，继而改正错误。如若能够恰当地把握批评的方法尺度，照顾到对方的心理接受程度与感受，便能使批评达到春风化雨的效果。

美国南北战争时期，属下向林肯总统打听敌人的兵力数量，林肯不假思索便答："一百二十万至一百六十万之间。"下属又问其依据何在，林肯说："敌人多于我们三四倍。我军四十万，敌人不就是一百二十万至一百六十万吗？"为了对军官夸大敌情、开脱责任提出批评，林肯巧妙地开了个玩笑，借调侃之语嘲笑了谎报军情的军官。这种批评显然比直言不讳的责斥要好多了。

其实，许多时候批评的效果往往并不在于言语的尖刻而在于形式的巧妙，正如一片药加上一层糖衣，不但可以减轻吃药者的痛苦，而且使人内心很愿意接受。批评也一样，如果我们能在必要的时候给其加上一层"外衣"，也同样可以达到目的。

1987年3月8日，最善于布道的彼德牧师去世了。下一个星期日，艾鲍德牧师被邀登坛演讲。他尽其所能，想使这次演讲完美，所以他事前写了一篇演讲的稿子，准备到时应用。他一再修改、润色，才把那篇稿子完成，然后，读给他太太听。

可是这篇讲道的演讲稿并不理想，就像普通演讲稿一样。如果他太太没有足够的修养和见解，一定会直接说出这篇稿子糟透了，绝对不能用，因为它听起来就像百科全书一样枯燥无味。

艾鲍德太太说，如果把那篇演讲稿拿到北美评论去发表，确实是一篇极好的文章。

艾鲍德明白了他妻子的暗示，就把他那篇绞尽脑汁所完成的演讲稿撕碎。他什么也不准备，就去演讲了。

当然她可以向她丈夫直接的说出来，但那样说，后果又会如何呢？那位艾鲍德太太，因为她知道间接批评别人的好处，所以她巧妙地暗示丈夫，如果把那篇演讲稿拿到北美评论去发表，确实是一篇极好的文章。也就是说，她深切了解丈夫受挫的感受，因此就先赞美丈夫的杰作，同时却又向丈夫巧妙地进行暗示，他这篇演讲稿，并不适合演讲时用。

我们要劝阻一件事，永远躲开正面的批评，即便说得正确，态度生硬、语言直接都会让对方产生严重的心理抵触情绪，这是必须要记住的。即便有这个必要，我们不妨旁敲侧击地去暗示对方，对人正面的批评，会毁损了他的自信，伤害了他的自尊，如果你旁敲侧击，对方知道你用心良苦，他不但接受，而且还会感激你。

玛姬·杰各提到她如何使得一群懒惰的建筑工人，在帮她盖房子之后清理干净现场。

最初几天，当杰各太太下班回家之后，发现满院子都是锯木屑子。她不想去跟工人们抗议，因为他们工程做得很好，所以等工人走了之后，她跟孩子们把这些碎木块捡起来，并整整齐齐地堆放在屋角。次日早晨，她把领班叫到旁边说："我很高兴昨天晚上草地上这么干净，又没有冒犯到邻居。"从那天起，工人每天都把木屑捡起来堆好放在一边，领班也每天都来，看看草地的状况。

有时为了达到改变他人的目的，只要站在对方的角度看问题，从他人的心理接受程度出发，换一种方式，就会产生理想的效果。

那些直接的批评会令人非常愤怒，间接地让他们去面对自己的错误，会有非常神奇的效果。

九、避其锋芒，模糊其词说有弹性的话

很多时候，在一些特定的情况下，我们会遇到一些两难而复杂的问题，就是我们回答是与不是都不合适。面对这样的问题，面对这种锋芒锐利的时刻，就其锋芒说话只会火上浇油，让对方心中怒火更难平息，置自己与不利局势。聪明的人通常会想办法避其锋芒，模糊其词的说有弹性的话，给自己保留了机会，也让听者听的舒心。

有这样一则寓言故事：

百兽之王狮子想吃其他兽类，但得找借口。于是张开大口让百兽闻自己的口是香还是臭。第一天轮到狗熊，它闻后如实地说："有股肉的腥臭味。"

狮子怒道："你不尊重我，留你何用。"将它吃掉了。

第二天，轮到猴子来闻。鉴于前一天狗熊的教训，它乖巧地说："哟，好一股肉的清香味啊！"

狮子又怒曰："你溜须拍马，留你何用。"又将它吃掉。

第三天，轮到兔子来闻。它知道，说臭要被吃掉，说香也要被吃掉，于是它凑到狮子嘴边，故意闻得十分认真，但却老不开口。

狮子急了，催它快说。

它便说道："报告大王，我昨晚受了风寒，感冒鼻塞，闻了这么久，实在闻不出是臭还是香。等我好了，鼻子通了，再来闻吧。"狮子无奈，只好放了它。

兔子正是清楚了解了狮子的企图，巧妙地避其锋芒，模糊其词的回答了这个难于答复的问题，让狮子也无话可说，才得以保全了自己的性命。这虽只是一个小寓言故事，但却有说服力，在我国的古代历史上，面对剑拔弩张关系身家性命的紧急时刻，也曾有类似的事件发生，汉高祖刘邦非常熟悉这种"回避"的技巧。

项羽自尊霸王后，想谋杀刘邦。范增出主意说："等刘邦上朝，大王就问他：'寡人封你到南郑去，你愿不愿意去？'如果他说愿意，你就说他意图养精蓄锐，有谋反之心，可以绑出去杀掉；如果他说不愿意去，你以其违抗王命杀掉他。"

刘邦上殿后，项羽一拍案桌，高声问道：

"刘邦，寡人封你到南郑去，你愿不愿意去？"

刘邦答道："臣食君禄，命悬于君。臣如陛下坐骑，鞭之则行，收辔则止。臣唯命是听。"

项羽一听，无可奈何，只好说："刘邦，你要听我的，南郑你就不要去了。"

刘邦说："臣遵旨。"

刘邦的语言，避开了项羽问话的前提故意说对项羽衷心耿耿，"唯命是从"，从而使项羽找不到借口杀自己，为自己日后卷土重来保留了机会。

这种避其锋芒，模糊其词的弹性说话方法不仅适用于军机大事，同样适用于我们生活中的点滴之事。有时候为了照顾自己的面子，为了保全自己的某种利益，我们可以设法避开这类难于应付的问题。

有这样一个善于闪躲质问的人，他回避问题的本领简直令了解他的人想大喊一声"太妙了"。有人问他："你可曾读过《堂吉诃德》?"他会回答："最近不曾。"其实他根本没读过，但他不会选择这种方式煞风景去破坏彼此之间融洽的谈话气氛，给对方内心留下继续交谈的欲望与兴趣。另有一次，有人问他可曾读过但丁《神曲》中的地狱篇，他回答："英文本没读过。"旁人不禁肃然起敬。

他这句百分之百的真话会让人产生两种误解：他读过这诗篇，他精通14世纪的意大利文；他是文学纯粹主义者，不屑读翻译本。

有一天，县官又完成了一幅"虎"画，悬挂在厅堂，又召集全体衙役来欣赏。

"各位瞧瞧，本官画的虎如何?"

众人低头不语。县官见无人附和，就点了一个人说："你来说说看。"

那人战战兢兢地说："老爷，我有点怕。"

县官："怕，怕什么? 别怕，有老爷我在，怕什么?"

来人："老爷，你也怕。"

县官："什么? 老爷我也怕。那是什么，快说。"

来人："怕天子。老爷，你是天子之臣，当然怕天子呀!"

县官："对，老爷怕天子，可天子什么也不怕呀!"

来人："不，天子怕天!"

县官："天子是老天爷的儿子，怕天，有道理。好! 天老爷又怕什么?"

来人："怕云。云会遮天。"

县官："云又怕什么?"

来人："怕风。"

县官："风又怕什么？"
来人："风又怕墙。"
县官："墙怕什么？"
来人："墙怕老鼠。老鼠会打洞。"
县官："那么，老鼠又怕什么呢？"
来人："老鼠最怕它！"来人指了指墙上的画。

新来的差役没有直接说县太爷画的虎像猫，而是从容周旋，借题发挥。不仅成功的把最犀利的事实给遮蔽起来，照顾了他人的面子，顾及到了对方心理，同时也给自己免除了遭受惩罚的困境。

巧妙回避不宜直言的问题，含糊其辞，在一些不必要，不可能或不便于把话说得太实太死的时候，利用"模糊"语言既能让对方心理受用，也会让我们的表意更有"弹性"，让彼此之间的说话更圆满。

十、借物说事，明话暗说

生活中人与人之间的交往，时常会出现一些令人意想不到的事情。因为交际双方是一种积极的参与，而非刻板、机械的迎合，所以交际情景也会不断地发生变化。面对变化着的情景尤其是仓促而至的窘境时说话，既要照顾到对方的心理感受、面子与自尊，也要让自己能及时摆脱困境，这就需要我们调动一切可以调动的语言表达手段，以达到自己想要达到的交际目的，借物说事，明话暗说就是很有效的一种。

交际中，常可以利用身边的实物来说明某种道理或者摆脱某种困境，或以某件能与话题搭上关系的物品来进行对比，从而达到一种形象化的效果。能给他人造成心理上的震动与暗示，巧妙地给对方一定程度的回击，让自己顺利走出他人有意设置的尴尬境遇。

有一次，蒲松龄到王大官人家去作客，被众人推到了上座，但独眼的管家却从下席开始斟酒，有意把他落在一旁不管。王大官人也想故意作弄他，端起酒杯朝他说："蒲先生，喝呀！"

蒲松龄端坐不动，他笑着说："大家先别急着喝酒，我说个笑话给大家助助兴。我出门时，碰到内人正用针在缝衣服，就以针为题即兴作诗一首，现在念给大家听听：'一头尖尖一头扁，扁间只有一只眼。独眼只把衣裳认，听凭主人来使唤。'"

大家听了，一齐朝独眼管家看去，极力强忍笑意，于是大声叫好。这样一来，反而使王大官人及其管家狼狈不堪。

蒲松龄借用了针的形象，尖锐地讽刺了想为难自己的王大官人及其家人，不但保全了自己的尊严，也让捉弄自己的交际对象"搬起石头砸自己的脚"。

生活与工作中，我们也可以假身旁之物摆脱困境，让左右为难的自己找到台阶下。

如果某人在你的办公桌前滔滔不绝，而你却不能耽搁太多的时间。喋喋不休的人是下属或是朋友那还好办，如果偏偏又是得罪不起的人物，不妨写个纸条给同事小林："到隔壁的办公室打个电话给我。"

用不了几分钟，电话响了。可以大声说："什么，马上去！这儿有位很重要的客人，什么？不去不行？那……好吧。"

一般来说，来客会示意，赶快去。即便他没这么说，也可以假装满心歉意，送走来客且不会伤他的自尊。这样既保护了他人的自尊与面子，会让他人心理很受用，也能顺利达到我们的说话效果。

作为女性，经常有男士的邀请，如果想拒绝又不想伤对方的心，而借物脱困无疑是妙招之一。

假如，有位男士走到你面前，说了一句："欢迎你参加！"然后就把一张入场券递给你。这时你想拒绝他，但又要让他下得了台阶，可从皮包里拿出笔记本，打开一看，不论看到什么，都可说："哎呀？我和小王小张约好今天去购物，你只有和别人同去了，不过还是很谢谢你。"

借用笔记本，给人错觉上面记着自己的时间安排，婉言拒绝了对方，照顾到了对方的面子，同时达到了自己的交际目的和说话效果。

在人与人之间的交际过程中，不管与什么样的人打交道，当遭遇类似的困境时，不妨借用借物说事的方法，既能照顾对方的自尊与面子，又能顺利达到自己的谈话效果，让自己顺利走出尴尬的境地。

第六章 职场说话心理策略:
笑傲职场,怎样用"心"说话最聪明

　　想要笑傲职场,可并不像想象的那么简单,它不仅需要硬件——你的工作能力,还需要软实力——在领导与同事之间说好每一句话。

一、不同的场合选择合适的表达方式

经常听到这样的抱怨：晚辈怪长辈偏心；下属怪上司只心疼心腹；业务员怪老板只看重主管……我们总是一味地认定是对方不能一碗水端平，似乎很少有人会检讨一下，为什么别人说话会讨人喜欢，而自己却不能成功做到如此。或许就是因为他们拥有别人所没有的优势，善于挖掘他人心理，在怎样说会让对方心理受用方面下工夫，才会受到不一样的对待吧。

忿忿不平地嚷嚷是大可不必的，不仅会让自己带着情绪，同时也会给自己的良好形象打折扣，在领导心里留下不积极形象的不良影响。与其让不平衡的心态跟着自己走一生，还不如尝试着改变一下，改变一下自己的说话方式，改变自己说话不假思索的态度，多从他人的心理角度入手说话，也许就能像别人一样找着了春天。

在领导面前说话可不能那么随随便便，要适当地有选择地进行表达，才不会出错，另外，还可根据对方的不同心理情绪表现去选择合适的表达方法。

腰杆子一向颇直的刘罗锅在皇上面前也是有一套的，虽然他做事有原则，可是和皇上沟通起来也是机灵得很，每每都把话说到乾隆皇帝心坎里，让乾隆皇帝不宠爱他都不行。

有一回宰相刘墉陪乾隆皇帝聊天，乾隆很感慨地说："唉！时光过得真快，就快成了老人家喽！"

刘墉看看皇帝一脸的感伤，于是说："皇上您还年轻哩！"

"我今年45岁，属马的，不年轻啦！"乾隆摇摇头，接着看了一眼刘墉问："你今年多大岁数啦？"

刘墉必恭必敬地回答："回皇上，我今年45岁，是属驴的。"

乾隆听了觉得很奇怪，于是就问："我45岁属马，你45岁怎么会属驴呢？"

"回皇上，皇上属了马，为臣怎敢也属马呢？只好属驴喽！"刘墉似笑非笑地回答。

"好个伶牙俐齿的刘罗锅！"皇上抚掌大笑，一脸的阴霾尽失。

一个善于在领导面前说顺耳话的人，一定能善体领导心意，机灵乖巧。能了解领导在想什么，需要什么，什么事情便都逃不过他的眼睛。

这是一种天赋，有些人天生就比较敏感，能很轻易地看出别人的情绪反应。拥有这种知己知彼的能力，做起事情来就容易百战百胜，也很容易就受到领导的重视与提拔。这是一种沟通上的优势，有了这种优势，沟通时就轻松多了。

但这种优势后天也可以培养，可以通过观察，洞察对方心理，知道对方的想法，针对别人的反应，妥善安排自己的进退应对；依照对方的反应，适时给予鼓励赞美，把话说在适当时机，刚好说进对方的心坎里；发现对方不悦，临时刹车，避免沟通恶化，见风转舵随机应变，事情就不会搞砸。

虽说在领导面前顺耳话是一种天赋，但其实也是可以学习的：和领导说话的时候，要慢半拍，仔细看对方的表情，因为很多时候对方的表情就是其内心情绪的最直接表现，然后自己再开口，同时也应当有意识地区别判断自己接下来所说的话会引起什么反应。

传递坏消息时说："我们似乎碰到一些状况……"当我们刚刚才

得知一件非常重要的工作出了问题，此时，千万不能以不带情绪起伏的声调，从容不迫地说出本句型，也不能慌慌张张地使用"问题"或"麻烦"等字眼，而是要能让上司内心觉得事情并非无法解决，这样的语调才合适。

上司传唤时说："我马上处理。"冷静、迅速地做出这样的回答，会令上司内心直觉地认为我们是有效率听话的好部属。

需要表现团队精神时说："莎拉的主意真不错！"莎拉想出了一个连上司都赞赏的绝妙点子，趁着上司听到的时刻说出本句型，做一个不忌妒同事的部属，会让上司从内心深处觉得你本性善良、富有团队精神，因而对你会另眼看待。

闪避你不知道的事时说："让我再认真地想一想，三点以前给你答复好吗？"当上司问了某个与业务有关的问题，而我们不知该如何作答时，千万不可以说"不知道"，可利用本句型暂时解危，不过事后可得做足功课，按时交出答复。

二、说话要掌握时机

人在情绪不佳、心有忧惧等低落状态下，较之平常更容易产生悲观失望的心理，这也就随之会产生思维迟钝、惰于思考的现象，进而会产生大的情感波动并引发过激行为。

人多有着复杂的生理和心理特征，思维特征也常常受到某一特定心理状态的影响，因此，在人与人之间的交流中，我们一定要注意对方的心理情绪变化，趋利避害，从而占据某种心理方面的优势和主动，防止使自己受到不必要的伤害。

在领导面前说事尤其要注意，一定不要在领导心理情绪不佳时进言；相反，在领导心绪高涨、比较兴奋时说事则会取得更好的效果。

给领导汇报，一定要注意时机和场合，以便使领导更能用心领会我们的意见，不至于反感。

某地方，一个单位刚购置了一批计算机及相关设备，并准备修建一个机房。但在机房安置空调机一事上，领导却不肯批准，认为单位的同志们都在没有空调的情况下办公，不宜单独对机房破例。虽然有关同志据理力争，说明安装空调是出于对机器保养而非个人享受的需要，但仍不能打破领导的想法，说服领导。

有一次，单位的领导与同志们一起出去参观。在一个文物展览会上，领导发现一些文物有了毁坏和破损，就询问解说员。解说员解释说，这是由于文物保护部门缺乏足够的经费，不能够使文物保存在一种恒温状况下所致，如果有一定的制冷设备，如空调，这些文物可能会保存更加完善。领导听后，不禁有些感慨。

此时，站在一旁的机房负责人老王趁机对领导低语："刘局长，机房里装空调也是这个道理呀！"

刘局长看了他一眼，沉思片刻，然后说："回去再打个报告上来"。

后来，这位领导果真批准了机房的要求，为他们装上了空调设备。

正是由于老王能够不失时机地将眼前的景象同自己所要提出的建议联系起来，使领导内心产生由此及彼的类比和联想，从而很好地启发了他的思路，使他能够接受老王的意见，使问题得以解决。在适当的场合中寥寥数语竟胜过郑重其事的据理力争，这是不能不引起我们深思的，更是值得我们加以借鉴。

三、敏感话题请绕行

职场是一个看似简单却又有很多禁忌的区域,在职场中我们应该多留些心思,特别是说话的时候更要字斟句酌,有些话,是不适合在办公室这种场合谈论的,千万不要谈及。

这主要是因为谈论不恰当的话题会造成领导及同事在内心对我们的工作水平、个人品质的认识偏差,引起对方内心深层次不必要的不良感觉;同时也很可能由于个人的疏忽因一句错话而造成一些人内心的不悦与反感,惹出一些不必要的麻烦来。所以,我们职场中的言语交谈一定要谨慎入微,以下几个方面的问题,是在职场中应当有所避讳的:

第一,私人感情问题。办公室谈话一定要牢记这句话:闲谈不论他人是非。每个人都有自己的隐私,有自己的除了工作以外的生活圈,很多时候在他人的内心意识里并不想让我们知道,也不想我们打扰他们除了工作以外的生活。工作就是工作,其他的事我们管不着,也不应该去管。管得太多,想知道的太多,势必会引起他人内心反感。

我们不先开口探听他人的私事,别人也不会轻易打听我们的秘密。同时,也别去聊公司里的是是非非。言多必失,公司是一个与个人利益息息相关的复杂的利益网,很可能因一句无心之言就触犯了某个同事的利益,让对方内心深觉不适甚至恼火,接连就会引发一系列不积极的反应。这岂不是引火烧身,滋生事端,让自己很被动。

总之,职场是变幻莫测、错综复杂的场面,对于个人的感情问题,最好不要轻易让职场中的人知道，这样才是很明智的做法，这也是处于竞争压力下的一种非常有效的自我保护措施。

第二，家庭财产背景问题。坦率也是需要区分人和事的，不计后果的坦率是不恰当的。什么话应该说，什么话又不该讲，自己心里一定要有个谱。即使你新买了一辆高级跑车或者利用假期到欧洲旅游了，又或者是你的家人是谁谁谁，你们家亲戚又如何，这些都没有必要在办公室里炫耀。

办公室同事间内心渴望的更多的是平等与尊重，被别人妒忌的滋味并不好受，并不是所有的快乐、分享的圈子都是越大越好的。过度炫耀，只会增强别人的妒忌心，引发反感，而且这样还容易招人暗算。不管是露富或是哭穷，在办公室这个特殊的环境里看起来都是非常造作的。富也好，穷也罢，都是和他人不相关的事。又何必招人厌烦，还不如知趣一些，不该说的话千万不能说。

第三，谈自己人生理想的问题。真正能够干大事业的人，都是埋头做事的人。在办公室中大谈自己的人生理想是非常滑稽可笑的。而且打工就要安心做个打工的人，回到家以后再跟自己的家人和朋友谈论你的雄心壮志会比较合适。如果你在公司里面没事整天念叨"我要做老板，我要自己创业"的话，那么老板很容易在内心就把你当成他的敌人，同事也会觉得你"自恃清高"，视你为异己。既然你有能力创业，又何必在此。同时这也是抬高自己，贬低他人的一种做法，公开进取心，就相当于向公司里的其他同事公开挑战，这样领导还有同事的心理又岂会受用。同时这类话也不能说"在这个公司里我的水平至少可以做个主管"或是"40岁的时候我一定会做到部门经理"，这样一来，就等同于把自己置于同事的对立面上了，给他人内心造成高人一等的压制感，让对方内心感到极度不适。

做人需要低姿态，这也是自我保护的一种好办法。一个人的价值体现在他做了多少事情上,该表现的时候一定要表现,相反,在不该出头的时候就应该韬光养晦。

第四,同事之间千万不谈工资问题。如今,"同工不同酬"已成为老板们惯用的一种奖励及惩罚的办法了。它如同一把双刃剑,掌握不好的话,很容易把员工之间的内部矛盾冲突引发出来,并且它的枪口最终会调转方向,矛头将直接指向老板,这些当然不是老板们内心所希望看到的。试想如果大肆谈论这些工资问题,不仅会引发同事之间的心理不平衡,也会给老板造成不好的心理印象,引起老板内心反感。多数公司都不会喜欢员工之间互相打听对方的工资状况,即使彼此之间是同事关系,但工资通常是有很大差别的,因此老板在发薪水的时候一般会与某个员工进行单线联系,不公开工资数额,并嘱咐不能告诉其他人。

我们一定不要成为这样的人,假如遇见这类同事,最好的办法就是提前做好应对的心理准备。一旦他的话题往工资问题上扯的时候,必须立即打断他,告诉他公司有规定不许谈论薪水。要是他的语速很快,来不及打断他就把话说完了,可以运用外交辞令来个冷处理:"抱歉!我不想讨论这个问题。"如此一来,肯定就不会有下次了。

总之,要想在职场中生存有道,必须要照顾到他人的心理态势,管好自己的嘴。这是职场心理操控的要点,也是做人做事的法则。不该谈论的话题、会引起他人内心不适的话题最好不要说,以免引起与他人不必要的争端与是非,给自己造成不良的影响,为自己的职场道路设置障碍。

四、用沟通来缓解僵局

在工作中跟上司处理好关系，是一件相当重要的事情。如果因为一时的失误，致使自己跟上司的关系变得十分尴尬的话，一定要找时间尽快与上司沟通，以尽早缓解僵局。这样才能得以及时并迅速化解彼此之间的内心尴尬与不适，早日消除内心的隔膜。要想消除和上司之间的内心不快，可以从以下几个方面入手：

首先我们应先做好判断，如果上司突然不再分派给我们很多工作，特别是富有挑战性的任务或是不再邀请我们参加与自己职位相称的会议了，这个时候就要注意改善与上司之间的关系了。可能在上司心里，对我们有所疑忌，这时我们应当主动去缓解、去沟通，然后消除彼此之间的内心不适。

其次，假若不太确定时，对于这类问题，不妨直接问他（她）："我不明白发生了什么，可不可以请您解释一下？"接着就洗耳恭听，等到上司说完以后，可以说："现在我对这个情况更加清楚了，为了解决这个问题，我认为我们可以这样做。"这不仅会在上司内心塑造我们的积极主动形象，也会让自己的工作与能力有一个更好的发挥与展现。

此外，这个时候千万不要去责怪别人，也不要提起任何跟危机原因相关的话题，重点放在可以做些什么以改善关系上面，要让上司从内心深处知道我们是希望把事情办好的，而且要让他相信我们也可以将下一项任务做得十分出色。这样会让对方在内心缓解对我们的片面认识，给予我们新的机会。

在与上司的言语交谈中，一定要注意分寸，照顾到对方的心理与情绪；作为下属，我们一定要顾及对方的面子。而当与上司真正出现沟通危机时，下面几条建议可以帮我们留出回旋的余地。

1、一定要找个合适的机会沟通。消除跟上司之间的内心隔阂非常必要，但是最好是我们自己主动伸出"橄榄枝"。若是犯了错，就应该有认错的勇气，跟上司解释清楚，表明自己以此为鉴的决心，并希望能够继续得到上司的关心和重视。这既会给对方一个台阶，照顾到了对方的面子与情绪，也会在对方内心塑造我们勇于认错积极进取的形象。如果原因在于上司，便可以在比较宽松适当的时间，以委婉的方式，跟对方进行沟通和交流，说是由于自己的一时冲动或者方式有欠周到，希望上司从内心谅解自己，这样一来既有利于相互间沟通感情，又能给对方提供一个很体面的台阶下，从而有助于恢复同上司之间的融洽关系。

2、做错事一定要说话，要深刻地检讨和表明决心。确实做错了事情时，不必羞于再见到上司或是害怕再次被训斥，也千万不能抱着我自己心里明白就好的心理。聪明的上司是绝对不会因为同一个问题而发两次火的。但是下属却很有必要在事后进行深刻的自我检讨和表明决心，这样会让上司内心感受到自己的威望，觉得自己受到了重视，让对方内心很受用。这个时候，上司一定会说："昨天的事其实我的态度也不好……"

如此一来，他也不会从内心那么苛刻地来要求与评判我们了，说不定因为"态度不好"会想要补偿我们，也就有可能对我们比平常要宽容和大度许多。

3、遭到上司的批评时立即表示歉意。有些人在被批评的时候习惯辩解，实际上这样做是没有用的，无论出于什么原因，犯了错是事实。

这个时候辩解不仅于事无补，相反则可能因此伤害到上司的自尊心，相当于是不给上司面子，致使和上司的关系愈加恶化。即便真的有十分充足的理由，也请不要在这个时候辩解，需要做的只是低下头说声"对不起"。只有这样，上司才会感觉他的批评有了意义，而你的谦虚与诚恳也会给他留下非常深刻的印象，从而增加他对你的好感。

4、先简明道歉，稍后再解释。迟到了，上司很不满意地数落："怎么迟到了？"这个时候，只需要说一声："对不起。"一定不要贸然去解释这件事，上司正在气头上，再多的解释都是借口，只会让上司内心更生气。大概半个小时以后，等上司的内心情绪稳定下来时，然后坦诚地恳求上司原谅自己："迟到是由于在路上……"上司肯定会有另一种反应，他会说："下次不要这样了。"

5、把问题讲清楚。有一次，汉斯在与同事谈话的时候说起上司是"木偶"，没想到后来被上司听说了。于是，汉斯便赶紧找机会给上司解释并且向他道歉："真的很抱歉，我现在感到特别后悔。但是我使用那个词绝对没有其他的用意，"汤姆跟上司解释道，"我用'木偶'这样的字眼，仅仅是想开个玩笑而已，只是我感觉您对我们有些疏远、麻木，所以，'木偶'两个字只是表达我这种感觉的一种很简单的方式。"上司听了汉斯很合情理的解释以及自我批评以后内心深受感动，他当场表态说以后要从内心努力学着善解人意一些，做个通情达理的上司。

6、利用一些轻松的场合表示出对他的尊重。即便是很开朗的上司也会特别注意维护自己的威严，他们从内心深处更希望能得到部下的尊重。当跟上司起了冲突以后，可以在一些轻松的场合像会餐和联谊活动之类，向上司问个好、敬杯酒，以表示对他的尊敬，上司自然会把这些记在心中，从而逐渐淡化或是排除敌意。这样一来，也可以向众人展现出自己的修养和气度。当然，对于那些根本不称职的上司，就无所谓得罪与否了，在必要的时候还必须予以反击。

总之，与上司之间做好沟通是一门大学问，有了问题时千万不能采取保持沉默，顺其自然，安于现状的消极被动行为。一定要去沟通，并且要及时进行沟通。同时，在沟通当中自然也要学会察言观色，选对场合，不同人、不同事、不同场合、不同地点要使用不同的心理策略，用不同的语言去化解，千万不要陷入僵局中。

五、工作中少一些抱怨

在单位上下级关系间、同事间，感到自己受到了不公平待遇时，许多不够聪明的老实人，就立刻表现出不满、愤怒的情绪，甚至会暴跳如雷，大骂一通，而这些行为，只是简单发泄了一下自己激动的情绪，于对方却无丝毫的影响，反而白白耗费了力气，还可能会引来别人的误会，让自己受到更深的伤害。

轻则会让他人从内心觉得自己不够成熟，不好接近，重则会给领导心里造成不好印象，认为对自己有看法，不服从领导，给自己以后的发展空间设置障碍，甚至会引起对方内心的极度反感。

要想在一个平台上有更广更远的发展，就应当站在对方的角度上，照顾到对方的心理情绪。不能一味发牢骚，给他人内心造成消极的形象，这无疑是阻碍自己前进的道路。

小刘是一家公司的行政助理，同事们都把她当成公司的"管家"，公司里事无巨细，都要找她才行，这样一来，小刘每天事务繁杂，忙得团团转，牢骚和抱怨也就成了家常便饭。

这天一大早，又听她抱怨"烦死了，烦死了！"一位同事皱皱眉头，不高兴地嘀咕着"本来心情好好的，被你一吵也烦了。"

其实，小刘性格开朗外向，工作起来认真负责。虽说牢骚满腹，该做的事情，一点也不曾怠慢。设备维护，办公用品购买，交通通信费，买机票，订客房……小刘整天忙得晕头转向，恨不得长出8只手来。再加上为人热情，中午懒得下楼吃饭的人还请她帮忙叫外卖。

刚交完电话费，财务部的小李来领胶水，小刘不高兴地说："昨天不是刚来过吗？怎么就你事情多，今儿这个、明儿那个的？"抽屉开得噼里啪啦，翻出一个胶棒，往桌子上一扔："以后东西一起领！"

小李有些尴尬，又不好说什么，忙陪笑脸："你看你，每次找人家报销都叫亲爱的，一有点事求你，脸马上就长了。"

大家正笑着呢，销售部的小王风风火火地冲进来，原来复印机卡纸了。小刘脸上立刻晴转多云，不耐烦地挥挥手："知道了。烦死了！和你说一百遍了，先填保修单。"

单子一甩："填一下，我去看看。"

小刘边往外走边嘟囔："综合部的人都死光了，什么事情都找我！"对桌的小张气坏了："这叫什么话啊？我招你惹你了？"

态度虽然不好，可整个公司的正常运转真是离不开小刘。

虽然有时候被她抢白得下不来台，也没有人说什么。怎么说呢？她不是应该做的都尽心尽力做好了吗？可是，那些"讨厌"、"烦死了"、"不是说过了吗"……实在是让人不舒服。特别是同办公室的人，小刘一叫，他们头都大了。"拜托，你不知道什么叫情绪污染吗？"这是大家的一致反应。

年末的时候公司民意选举先进工作者，大家虽然都觉得这种活动老套可笑，暗地里却都希望自己能榜上有名。奖金倒是小事，只是都希望自己的工作得到肯定，领导们认为先进非小刘莫属，可一看投票结果，50多份选票，小刘只得12张。

有人私下说："小刘是不错，就是嘴巴太厉害了。"

小刘很委屈：我累死累活的，却没有人体谅……

像小刘这样，就叫费力不讨好。工作都替别人做到家了，嘴上为逞一时之快，抱怨上几句，结果前功尽弃，还惹得周围人的内心反感。

冷语伤人，说者无心，听者有意。职场说话一定要管住自己的嘴巴，说话要注意态度与他人的心理情绪。既然做了，就心甘情愿些，抱怨是无济于事的。常把不满挂在嘴边，只会引起同事内心不满，造成之间关系的不协调，同时，还会埋没自己的功劳，而自己工作一分也没有少做。

六、与领导说话要掌握分寸

领导在看待和处理问题时，出于种种原因，有时也会有不明之举，容易导致工作的失误或者因小失大危及全局。寥寥数语，就可能使领导将你视为忠臣、知己，在内心的功劳簿上为你记上一笔。

但规劝上司，也要讲究一定的原则，让他从内心意识到"自相矛盾"，不失为一种行之有效的方法。既能让领导改变初衷，又能让其明白我们的忠心，让他从内心觉得我们凡事为领导着想，同时也会让领导对我们自身大加赏识，对我们产生信赖。

有一次，局里召集各科室的负责人开会，准备安排下一阶段的工作任务。

在会议开始的汇报工作中,有一位科长工作责任心不强,把几项交办的工作没做好,还捅了漏子,结果引起局长的情绪化,发了不小的脾气,使会议气氛十分紧张。

秘书小王目睹此景,便建议休会,先休息十分钟。在休息的间歇,秘书小王递了一个纸条给局长,上面写着:"刘局长,会前你曾说过,这个会议的主要议题是布置工作,动员干部,刚才的会议气氛有点儿紧张,不利于这次会议的顺利进行。有些问题似应专门开会或会后再解决。"

当复会后,小王发现刘局长已恢复了正常,并把会议引导到了正常的议程上。会议圆满的结束了。

会后,当只剩下两个人的时候,刘局长笑着拍了拍小王的肩膀说:"小王啊,多谢你的'清凉剂'呀!"

以后,小王与刘局长结成了非常好的工作友谊,小王也越来越受局长的赏识了。

自然,"自相矛盾"的劝说术有其很强的说服力,但它也是"双刃剑",用不好也会自伤其身,因此,作为下属在对领导进行规劝时一定要注意以下几点:

第一,要注意语气适当,措辞委婉。"自相矛盾"法就是要提醒领导注意自己的言行的不一致性,或者是对其论点作出某种程度的否定,这无疑会涉及领导自身内心的尊严与权威,尺度掌握不准,搞不好就会有嘲讽、犯上之嫌,让领导内心误以为心怀不满,另有所指。所以下属一定要注意使自己的口气比较和缓,显示自己内心的诚恳和尊敬之情。特别是要使领导内心明确的认识到,我们的所作所为都是出于做好工作的动机,是内心真正为领导设身处地的着想,而不是针对领导者本人有何不恭的看法。

第二,尽量言辞简短。"言多必失",下属在劝谏时,只要指明大意就已足矣，其中的推理不妨由领导自己来做，越是语言简短，越是语意含蓄，就越能引起领导内心的深思，又不至于引起领导内心的猜忌。

而且，言辞简短不至于使自己引用的领导的话淹没在解释论证的海洋中，要知道，正是这些引用极大地满足了领导内心的成就感，当领导清楚地了解到，一句他本人也不曾在意的话却被下属郑重地记在心上，或者他十分重要的观点的确受到了下属的重视，他内心一定会增加对我们的好感，多几分欣赏和认同；少几分敌意和对立，从而从内心深处能够仔细地倾听我们的建议，对我们的相反看法郑重对待。因此，言简意赅，不失为引起领导重视和好感的一个好办法。

第三，要注意场合。用领导自己的话来批驳他的某些观点，最好是在私下场合中使用，而不宜在公开场合或是有他人在一旁的情况下运用。在私下里，即使你对领导有所触痛，但如果言之有理，领导也会在心里采取比较宽容的态度。而在公开场合，这就会演化为领导的尊严和权威问题，他会为此而战，从而使内心的情绪压过理智，面子高于道理，这对下属无疑是自找麻烦，"好心难得好报"。

七、以请教的方式提建议

职场中下属如若对领导提建议，不仅要考虑建议内容本身的合理性，还要注意自己提出建议的方式，是不是能让对方心里比较容易接受。所谓注意提建议的方式方法，就是要时刻注意领导的心理感受和变化轨迹，要求下属在提出建议的时候首先要获得领导的心理认同，其中以请教的方式提出建议被认为是一种更易让领导接受的职场说话心理策略。

请教，一种低姿态。它的潜在含义是，尊重领导的权威，承认领导的优越性。也意味着下属在提出意见之前，已仔细推敲了领导的方案和计划，是以认真、科学的态度来对待领导的思想的。下属的建议是在尊重领导的观点基础之上的，这无疑会使领导内心感到情绪放松，从而降低对下属提建议的某种敌意。

同时，请教的姿态，不仅仅是形式上的，更有内容上的意义。下属可以先亲自聆听一下领导在自己所提问题方面的真实想法。这些想法很多时候可能是其内心最真实意志的浮现，而且并未在公开场合予以说明过，同时也很有可能是下属在考虑问题时所忽略了的重要方面。这样，在未提出自己的意见之前，首先请教一下领导内心的真实想法，可以使自己做到进退自如。一旦发现自己的想法还欠深入，考虑的不是很周到，还有机会立刻止口，再把自己的建议完善一下。如果我们的建议仅仅是源于未能领会领导内心的真实意图，那么，这些建议不仅仅是毫无意义、分文不值，而且还暴露了自己的弱点，这对我们决非是什么幸事。

同时，向领导请教，有利于找出我们的共同点，这种共同点，既包括方案上的一致性，又包括心理上的相互接受程度。

"认同"不仅仅是人们之间内心相互理解的有效方法，也是说服他人的有效手段。当我们试图接近其他人的爱好与想法时，越让自己等同于他看，就越具有说服力。一个优秀的推销员总是使自己的声调、音量、节奏与顾客相称。正如心理学家哈斯所说的那样："一个造酒厂的老板可以告诉你一种啤酒为什么比另一种要好，但你的朋友，无论是知识渊博的，还是学识疏浅的，却可能对你选择哪一种啤酒具有更大的影响。"而影响力是说服的前提。

有经验的说服者，他们常常要事先了解一些对方的情况，并善于利用这点已知情况，作为"据点"、"立足点"，然后，在与对方的接触中，首先求同，随着相同的东西增多，双方也就会从内心觉得越熟悉，也就越能达到心理上的亲近，从而消除疑虑和戒心，更易相信并接受你的观点和建议。

而下属在提出建议之前，先请教一下自己的领导，就是要寻找谈话的共同点，看彼此相容的心理基础。如果你提的是补充性建议，那就要首先从明确肯定领导的大框架开始，提出你的修正意见，做一些细节或者局部的改动和补充，以使领导的方案与观点更为完善，更有说服力，更能有效地执行。

即便你提出的是反对性意见，也是有共同点可循的。共同点不仅仅局限于方案内容本身，还在于培养共同的心理感受，使对方愿意接受。越是反对性意见，就越可能招致敌意，也就越需要寻找共同点来减轻这种敌意，获得对方的心理认同。此时，虽然我们可能不赞成上司的观点，但一定要表示尊重，表明自己对它的理性的思考。应设身处地地从领导的立场出发来考虑问题，并以充分的事实材料和精当的理论分析作依据，在请教中谈自己的看法，在聆听中对其加以剖析，只要有理有据，领导一定会心悦诚服地放弃自己的立场，仔细倾听我们的建议和看法。在这种情况下，领导是很容易被说服，并且采纳我们的意见和建议的。

同时，请教还会增强领导对下属的信任感。当我们用诚恳的态度来进行沟通时，领导会逐渐排除诸如有意挑"刺"儿、对领导不尊重等这些猜测，逐渐了解我们的动机，开始建立对我们的信任。

信任是人际沟通的"过滤器"。只有对方信任，才会完全理解我们说话的动机，否则，如果对方不信任，即使提出的动机是良好的，也会经过"不信任"的"过滤"作用而变成其他的东西，而这种东西往往是被扭曲了的，带有怀疑主义的色彩，这使得他不可能很理智地去分析我们的意见和建议，我们的每一句话都会与"不良"动机联系在一起。

八、玩笑不能开过头

办公室是个无风还起三尺浪的地方，最简单的玩笑都有可能转化成对他人内心最严重的中伤。所以，开玩笑时一定要注意分寸。

同事之间，茶余饭后、工作之余开点玩笑，既可以活跃气氛，又可以放松彼此的神经，解除疲劳，还可以拉近同事之间的心理距离。

会开玩笑的人，能让人在一片欢笑中记住他的风采，并从内心深处对他产生亲近感。同时，一旦在彼此之间出现意见分歧的时候，开个玩笑或许就可成为紧张局面的缓冲剂，使同事之间消除敌意，化干戈为玉帛。同时，开玩笑有时还可以用来委婉地拒绝同事的要求，或进行善意的批评。

但开玩笑要达到的目的在于"玩"，千万不要把玩笑开得过火。如果开玩笑的效果让他人内心觉得受嘲弄，被"涮"了，那就过了，弄不好还会在彼此之间闹出矛盾来，那样就得不偿失了。据报道，西方国家每年的愚人节都会造成巨大的损失，甚至在愚人节这天因为开玩笑而造成许多民事案件、交通事故等。

近几年，中国人也过愚人节，人们也习惯在愚人节这天开开玩笑，涮涮别人，有的人还乐意被"涮"。但这玩笑可要开得适当。曾有青年小蒋、小孙，他们在同一个单位上班，平时两人交往也不少，一年愚人节，小蒋故意装作气喘吁吁地跑到小孙办公室，说："小孙，你妈在单位出事了！"小孙一听就着急了，赶紧往他妈妈的单位打电话，结果弄得那单位的人莫名其妙。小孙后来才知道这是愚人节的恶作剧，但他对小蒋咒他妈妈的这个玩笑非常不满，小蒋却以为一个玩笑有什么大不了的。两个人因此发生争执，竟反目成仇。

开玩笑要适度，像小蒋、小孙这样岂不是适得其反。同时，开玩笑的内容也值得注意，要做到既能引人内心发笑，又不能影响同事之间的团结。而且不能太庸俗，有些低级趣味的小笑话，会让同事从心理上觉得你这人太俗，特没劲。有的人喜欢拿同事的一些笑柄来开玩笑，本来人家心里对此就特别忌讳，再拿来说笑，自然会闹出不愉快，更要切忌拿别人的缺点和生理缺陷开玩笑，这就更容易引发矛盾了。

开玩笑还要注意对象。有的人喜欢嘻嘻哈哈，经常和人开开玩笑，有的人却不苟言笑，比较喜欢严肃、安静，这就需要区别对待，别"涮"出了事。

开玩笑，还要分场合、时间。同事正在工作，却不知忙闲地开玩笑，那就等着挨白眼吧；在严肃的会场，无所顾忌地开玩笑，就会招领导批评，遭同事内心反感。

与同事相处，适当地开开同事的玩笑，可以起到融洽关系的作用，也不妨开开自己的玩笑。开自己的玩笑，正是因为尊重别人，很容易赢得朋友内心的真诚相待。开自己的玩笑，就把自己放在了与同事平等的位置上，平添了几分彼此之间的内心亲近感，更容易与同事打成一片。

但在办公室里开玩笑的限度必须把握好，以下几点要特别注意：

1、不要开领导的玩笑

一定要记住这句话：领导永远是领导，不要期望在工作岗位上能和他成为真正的心灵朋友。即便以前是同学或是好朋友，也不要自恃过去的交情与领导无所顾忌地开玩笑，特别是在有别人在场的情况下，更应格外注意。否则，口无遮拦地开玩笑势必会在领导内心留下不尊重，挑战对方权威的坏印象。

2、不要以同事的缺点或不足作为开玩笑的目标

金无足赤，人无完人。不要拿同事的缺点或不足开玩笑。千万别自作聪明的认为很熟悉对方，便去随意取笑对方的缺点，要知道这些玩笑话很容易让对方内心觉得是在冷嘲热讽，倘若对方又是个内心比较敏感的人，很容易会因一句无心的话而触怒他，以致毁了两个人之间的友谊，或使同事关系变得紧张。而且，这种玩笑话一说出去，是无法收回的，也无法郑重地解释。到那个时候，再后悔就来不及了。

3、不要和异性同事开过分的玩笑

有时候，在办公室开个玩笑可以调节紧张的工作气氛，异性之间的玩笑亦能让人缩短距离。但切记异性之间开玩笑不可过分，尤其是不能在异性面前说黄色笑话，这会降低自己的人格，也会让异性认为自己内心甚至骨子里思想不健康。

4、莫板着脸开玩笑

幽默的最高境界，往往是幽默大师自己不笑，却能把他人逗得前仰后合。然而在生活中我们都不是幽默大师，很难做到这一点，那就不要板着面孔和人家开玩笑，免得引起他人不必要的误会，给他人心里留下不好的印记。

5、不要总和同事开玩笑

开玩笑要掌握尺度，不要大大咧咧总是在开玩笑。这样时间久了，在同事面前就显得不够庄重，同事们从内心深处就不会尊重你；在领导内心，也会留下不够成熟、不够踏实的印象，领导也不能从内心再信任你，不能对你委以重任。这样做实在是得不偿失。

6、不要以为捉弄人也是开玩笑

捉弄别人是对别人的不尊重，会让他人心里觉得你是恶意的，而且事后也很难解释。它绝不在开玩笑的范畴之内，是不可以随意乱做乱说的。轻者会伤及和同事之间的感情，重者会危及自己的饭碗。记住"群居守口"这句话吧，不要祸从口出，否则后悔晚矣。

玩笑，玩笑，笑了好玩。只要能把握好限度，适当开开玩笑，会拉近与同事的距离，让同事之间的良好关系在欢声笑语中成长。

九、背后不说人是非

在工作中，很容易碰到爱在背后议论别人是非的人，这种人几乎每个单位都有，发表言论不找当事人，甚至也不在公开的场合，而是躲在背后议论纷纷。

喜欢在背后议论别人是非的人，往往没有什么好结果。在背后议论人，自然会得罪当事人，时间长了，就会变成"万人嫌"。同事们也都会生怕成为议论的对象而敬而远之，领导更害怕成为议论的对象而将你打入冷宫，这样的人在单位里自然不会有好的发展。

因为，背后说人是非总给人内心留下不光彩的阴暗形象，久而久之就会在他人内心被塑造成一个不正直的卑劣形象。作为同事，谁也不愿意和这样的人进行交往，更不愿意自己惹祸上身。作为领导，更是从内心不会重视与信任这样的下属。

一个人在工作中，无论跟领导还是同事，都难免就某一件事产生意见分歧，甚至导致很深的矛盾。如果想澄清自己的意见，表明自己的观点，就应该找当事人当面探讨。切忌当面不说，背后乱说。即使意见是正确的，甚至被冤枉了，如果选择了"在背后议论别人是非"这种小人行为，就等于自己认输，而且也不值得同情。

有意见，当面提，即使不能消除分歧，或者改变既成事实，但只要让对方内心感受到了，这样会提醒他以后注意考虑我们的意见，照顾我们的利益。而且，有意见当面澄清，是一种光明正大的行为，会防止彼此产生过节。如果躲在背后议论对方，发泄心中不满，即使彼此没有隔阂也会产生隔阂，让对方心中觉得似乎我们有众多不满，态度恶劣等，甚至会激化矛盾。一旦与对方树敌，这本"陈年老账"随时会被翻出来，变换成合理的借口，制约自己的职场发展。

小赵是公司业务部的精英，多次获得公司年终奖金。年底又到了，小赵根据考核办法，算出自己又可以拿到2万元奖金，便提前与女朋友算计这2万元该怎么花。最后决定，存银行1万元，另外1万元做春节旅游的费用。

获奖名单公布以后，小赵却发现没有自己的名字。是不是相关人员疏忽把自己漏掉了，小赵带着疑问找到业务部经理。经理说："我们这次考核，是绩效考核加表现考核，不只是看绩效，还要看平时的表现，如个人形象、是否具备团队合作精神等。你想想看，自己在别的地方有没有做得不够的地方。"小赵不由得低下头去。

经理提醒说："年中时你跟小王争地盘，哪有一点团队合作精神？而且给公司造成了很不好的影响。这是你今年没有拿到年终奖金的主要原因。"

小赵跟小王所争的"地盘"，是一家大客户。原来是小王开拓的市场，后来那家大客户的部门经理换人，小赵的同学走马上任。小赵就去拜访同学，想把业务划到自己名下。小王告到部门经理那儿，部门经理出面批评了小赵，小赵才撤出去。

小赵一肚子气离开经理的办公室。他以为，自己落选主要是经理在作祟。绩效考核，主要看业绩，这是硬指标，别的都是软指标，说你达标就达标，说你不达标就不达标。他若没有团队合作精神，就不会听经理的意见，早把"地盘"抢到手了。还有，那奖金是公司里出，也不是经理自己掏腰包，经理是忌妒才把他拿下来的。

小赵越想越气，不自觉地找到几个平时关系不错的同事倾诉，发泄不满，说经理的坏话。

不久公司大裁员，小赵赫然出现在名单上。自己是业务精英，是不是搞错了，小赵找老板询问。没错，他的解雇理由是：缺乏团队合作精神。

小赵不理解，那件事过去半年了，自己跟小王早就和好了，怎么又扯出来大做文章呢，后来一个知情的同事告诉他，他在背后说经理坏话的事传到经理耳朵里了，经理怨气难平，自然力主裁掉他。

在背后议论领导，岂不是往人手里塞"小辫子"，有的人不但喜欢在背后议论别人是非，而且喜欢对当事人评头论足：某某晋升是凭借某某的关系，某某跟某某是秘密情人，某某的文凭是假的，如果让某某当主管会更好，等等。时间一长，这样更滋生事端。每个人内心都渴望能拥有一个简单安静的工作环境，如果这样不考虑他人的内心感受，乱议论他人是非，不仅招致大家反感，甚至会让人害怕自己惹祸上身，因此，同事从内心肯定都想让他离得远远的。

有些员工，可能出于一箭双雕的目的，喜好单独找领导指责别人，好像这样既向领导表示了忠诚，又打击了同事。比如："娟子昨天又偷拿了一叠复印纸，我都提醒她好几次了，她还是屡教不改。""我真担心这个企划案不能按时完成。小赵负责的那组调查数据，拖了好几天了还没搞定。"

仿佛别人都有毛病，似乎只有他自己是完美的；别人似乎都是领导的敌人，只有他是领导的心腹。当然，这些人这么做的最终目的是为了从内心取悦领导，获得上司的重用。

真正内心有城府、精明的领导一般是不吃这一套的。他肯定也会在心里思忖：如果他重用你，你会不会用同样的手段来对付他，会不会单独跑到他的领导那里去指责他，这种可能性是非常大的。所以，精明的领导可能暂时利用你驾驭你的同事，而不会重用你。如果老是喋喋不休地在他面前指责别人，可能会让他从内心感到潜在的威胁，找个理由就把你打发掉了。

小苏是公司宣传部的元老了，她经常一个人跑到部门经理那里指责同事。经理一般是笑眯眯地倾听，她以为自己获得了经理的赏识。

公司根据发展需要，为了开发一项新业务，单独成立了一个办公室，人员从各部门抽调。小苏接到调令后，急忙找部门经理。她不想离开宣传部，因为她的职位是个肥差，况且那项新业务现在看起来还不明朗。

经理笑眯眯地说："公司抽调你是经过慎重考虑的。你是公司的老员工了，经验丰富，那可是非常重要的工作，一般人不能胜任。再说，现在调令已经下了，不可能更改了。"

小苏又去找老板，得到了同经理一样的答复。她只好服从公司的安排。

她哪里知道，自从她去经理办公室告同事的刁状，经理就一直想找机会调开她了。

背后议论别人的是非，自然希望自己不被暴露，别让当事人知道，期望参与议论的人为自己保密，事实上，这几乎是不可能的。而一旦让作为当事人的同事知道，势必会制造彼此之间的不愉快，让他人心里反感乃至憎恨，小心他也会用同样的方式黑自己一招；让作为当事人的领导知道，被人扫地出门是最大可能的结果。

没有人会喜欢被人背后议论，背后议论他人，即便没有说什么实质性的坏话，也会给人内心造成不好的印象，好话不背人。在背后搞小动作，总让人觉得我们内心有什么不可告人的阴谋。要想在职场上无往不利，就要闭紧自己的嘴巴，背后不论人是非。

十、贬抑自己，赞扬他人

在职场上，我们很有可能一不小心就会说错话，引起他人内心的不悦与反感，无论是对上司还是同事，这都是一件令人头疼的事。特别是一旦说错话，如果补救不及时或者补救不好，都会损害同事之间的感情，还可能为自己的职场生涯埋下隐患。

在这个时候，如果我们可以像布洛亲王那样巧妙地采取贬抑自己赞扬对方的方法，放低姿态，抬高他人，势必会突出对方的心理优越感，让对方内心感受到自己的诚恳态度，也可以改变局面，收到令人十分惊喜的效果。再桀骜不驯的人，面对他人的一味服软、低头，内心也不可能在软话面前继续高傲，同时，在上司和同事面前贬低自己，也会让他人内心不会一心恋战，会很快给台阶下，迅速平息争端。

威廉二世是德国最后一位皇帝，布洛亲王是当时的总理大臣。威廉二世非常骄傲而且非常自大，他建立了一支陆军和海军，还夸口说要征服整个世界。这些让人难以置信的话，把整个欧洲大陆都震撼了，在世界各地引起了浩大的风波。

同时他还将这些话公开，在英国做客的时候他就曾经这样说过，并允许伦敦的《每日电讯报》把他所说的话刊登出来。他具体这样说道："我是唯一一个与英国交好的德国人。我要建立一支海军以对抗来自日本的威胁；是我挽救了整个英国，让英国人脱离了苏俄和法国的控制。"并说多亏了他的策划，英国的罗伯特爵士才得以在南非击败了波尔人等。

在过去长达一百多年的和平年代里，欧洲从来没有一位君主讲过这样让人惊诧不已的话。整个欧洲都愤怒了，尤其是英国。

德国的政治家们感到十分惊恐不安，在这种狼狈不堪的情形下，德国皇帝自己终于也感到恐慌。

这个时候他希望身为帝国总理大臣的布洛亲王可以承担起所有的责难，让布洛亲王对外宣布这些全都是他的过错，是他建议君主讲这些狂妄至极的话的。

但布洛亲王说，这是不可能的，整个德国和英国，都不会有人相信是自己给陛下提出建议说出这番言论的。

话刚一出口，布洛就知道自己闯了大祸了，果然皇帝非常生气："你觉得我是一个愚蠢的人，"他叫起来，"只会做一些连你都不会做错的事情吗？"

布洛亲王，他尊敬地答道，"我绝对不是这个意思，""陛下在很多方面都要胜出我许多，其中最主要的是在自然科学方面。每当陛下解释晴雨计或是无线电报或是伦琴射线的时候，我就十分注意倾听，心里佩服极了，还感觉特别惭愧，我对自然科学的每一科都茫然不知，对物理学或者化学也没什么概念，甚至连最简单的自然现象都解释不了。"布洛亲王继续说，"但是，为了弥补这些不足，我学习了很多历史知识以及一些政治知识，尤其是对外交方面有益的知识。"皇帝的脸上马上就有了笑意。

"我不是经常跟你说，"威廉二世热情地说，"只要我俩互补长短，就可以闻名天下吗？我们要团结在一起，我们本来就应该这样！"

他亲切地跟布洛亲王握手，并且非常激动地握紧拳头说："假如有人在我面前说布洛亲王的坏话，我就一拳打到他的鼻子上。"

几句贬损自己而赞许对方的话，就让一个傲慢孤僻的德国皇帝变成一位忠诚的朋友，一个态度和蔼而又风趣的人，就能化狂风暴雨为风平浪静。可见，先讲几句恭维话，然后再开始批评的妙处。

职场当中，当与比自己资格老的前辈或者领导说话时，若是用语不当，就很可能会惹恼对方，挨顿批评算是轻的，甚至可能因此给自己的职场道路埋下定时炸弹，更甚者可能会丢了饭碗。就像布洛亲王刚开始讲的话一样，只会让威廉二世认为布洛亲王从内心根本瞧不起自己，使本来就傲慢孤僻的他大为恼火。

第七章 销售说话心理策略：
客户的心思我来猜，不再对我说拒绝

想要钓到鱼，就得像鱼儿一样思考，对鱼儿了解的越多，你就越容易钓到鱼，钓到的鱼也就越来越多。这在销售中的说话过程中非常适用，换言之"不要仅仅把自己当成一个销售员，更要把自己当成一个客户"，销售便不再是一无所获的旅程。

一、从客户的心理角度出发看问题

要想做一个好的推销员,就要从客户的角度出发来看问题,抓住客户的心理再说,不能只是自己一味地、滔滔不绝地在那里讲述自己的产品如何优良,功能如何强,客户与推销员之间本身就有很大的心理距离感,甚至一定程度上可以说是心理排斥。而一味的推销只会加重他人心里对产品或者计划的怀疑程度,同时会倍增反感,很快就会打断谈话,把你拒之门外。

一定要记得给客户说话的机会,不仅是要给他机会,同时,还应当学会在给对方说话机会的同时,善于倾听对方的心里话,不要心里只想着自己的产品或者计划,而应当顺着他的话说,让他说痛快了,在你那里找到了内心的认同感与价值感,他才会买你的账。

被世人称为"世界上最伟大的推销员"的乔·吉拉德曾说过:"倾听的力量非常伟大,你倾听对方越久,对方就越愿意接近你。有些推销员喋喋不休,因此,他们的业绩总是平平。上帝为什么给了我们两只耳朵和一张嘴呢?我想,就是要让我们多听少说吧!"

他也真是做到了如此,与客户交流的时候,善于顺着客户的方式走,让客户多说,而自己多用心去聆听,才让每次的交易轻松而又愉快。

有一次,乔·吉拉德接待了一位客户,花了近一个小时时间陪着客户选车、试车,最后终于让客户下定决心买车了,接下来,他要做的就是带着客户去办公室签合同。

当乔·吉拉德与客户向办公室走去时，那位客户提起了自己的儿子，他十分自豪地说："我儿子考进了普林斯顿大学，我儿子将来会是一名出色的医生。我想应该买车庆祝一下。"

乔·吉拉德这时正一心想着稍后签合同的事，所以只是随便地应了声："那真是太棒了。"

客户接着说道："乔，我儿子很聪明吧，当他还只有一两岁的时候，我就发现他跟其他孩子相比真的很不一样。"

乔·吉拉德漫不经心地点点头，随口问道："他成绩很好吧？"

客户兴奋地回答道："那当然，他是学校里成绩最好的。"

乔·吉拉德想都没想，心不在焉地接了一句："那他毕业后打算做什么呀？"

客户很是不满地看了乔·吉拉德一眼，感觉到对方刚才根本没有认真和自己说话，于是带着一些怒意回答道："我刚才告诉过你，他考上了大学，以后会成为一名医生！"

这位客户最后没有跟乔·吉拉德签约，他直接离开了，后来还从别人那里买了一款新车。乔·吉拉德很是不解，于是给客户打了好几个电话，希望能知道自己错在哪里。后来，这位客户终于告诉了他答案："乔，你让我很失望，当我提到我的儿子时，你根本没有听我说话，对你来说，我的儿子考没考上大学，当不当得成医生根本不重要！所以，我不想从你那里买车！"

当客户说起自己儿子考上名校、将来有望成为医生时，他不仅仅是想与乔·吉拉德分享这个好消息，更是在表达满心的欢喜与自豪。而很明显，乔·吉拉德没有读懂客户的言外之意，既没有送上自己的祝福，也没有表达只言片语的赞赏，客户内心当然很失望，很生气，这单生意当然落空了。而如果乔·吉拉德能及时送上自己的祝福，顺着客户的话把其关于儿子的话题继续下去，满足其炫耀自己的心理欲望的话，相信会是一次非常愉快而又令人满意的推销经历。

须知，顺着客户想说的话走，满足其想要炫耀自己的心理愿望，让客户满意了，他才会回过头来听我们说话，才会给我们可以成功的机会，只有让其说高兴了，才会有我们满意的结果。

同时，我们在顺着他的方式或者话题说话的时候，态度一定要认真，真诚，千万不能敷衍了事，而且要给予恰如其分的回应，那么，对方瞬间便会心生恰遇知音的痛快淋漓感，会主动地拉近双方之间的心理距离，交谈气氛会更亲近，更融洽，也就能轻松达成一致的协议。

二、把最受用的话以"不经意"的方式说出来

说好能让听者笑逐颜开的人情话并不是一件容易的事，这需要把握两个要点，一是说之前要观察准确，确保做到投其内心所好，二是经过精心准备的人情话要以"不经意"的方式"随口"说出来，这才会让对方内心不会产生被刻意讨好的不快。

想要把销售做成功，就要学会从客户的心理角度出发，避免千篇一律的语言堆砌，而是用心观察，把对方最想听的话，最受用的话以最自然的方式娓娓道来，就算没有提及销售任务的半个字，只要把话说到了客户的心坎里，相信一定会有不错的结果。

美国著名的柯达公司创始人伊斯曼，捐出巨款在罗彻斯特建造一座音乐堂、一座纪念馆和一座戏院。为承接这批建筑物内的座椅，许多制造商展开了激烈的竞争。但是，找伊斯曼谈生意的商人无不乘兴而来，败兴而归，一无所获。

正是在这样的情况下,"优美座位公司"的经理亚当森,前来会见伊斯曼,希望能够得到这笔价值9万美元的生意。

伊斯曼的秘书在引见亚当森前,就对亚当森说:"我知道您急于想得到这批订货,但我现在可以告诉您,如果您占用了伊斯曼先生5分钟以上的时间,您就完了。他是一个很严厉的大忙人,所以您进去后要快快地讲。"

亚当森微笑着点头称是。

亚当森被引进伊斯曼的办公室后,看见伊斯曼正埋头于桌上的一堆文件中,于是静静地站在那里仔细地打量起这间办公室来。

过一会儿,伊斯曼抬起头来,发现了亚当森,便问道:"先生有何见教?"

秘书把亚当森作了简单的介绍后,便退了出去。这时,亚当森没有谈生意,而是说:"伊斯曼先生,在我们等您的时候,我仔细地观察了您这间办公室。我本人长期从事室内的木工装修,但从来没见过装修得这么精致的办公室。"

伊斯曼回答说:"哎呀!您提醒了我差不多忘记了的事情。这间办公室是我亲自设计的,当初刚建好的时候,我喜欢极了。但是后来一忙,一连几个星期我都没有机会仔细欣赏一下这个房间。"

亚当森走到墙边,用手在木板上一擦,说:"我想这是英国橡木,是不是?意大利的橡木质地不是这样的。"

"是的,"伊斯曼高兴得站起身来回答说:"那是从英国进口的橡木,是我的一位专门研究室内橡木的朋友专程去英国为我订的货。"

伊斯曼心情极好,便带着亚当森仔细地参观起办公室来了。

他把办公室内所有的装饰一件件向亚当森作了介绍,从木质谈到比例,又从比例谈到颜色,从手艺谈到价格,然后又详细介绍了他设计的经过。

此时，亚当森微笑着聆听，饶有兴致。

亚当森看到伊斯曼谈兴正浓，便好奇地询问起他的经历。伊斯曼便向他讲述了自己苦难的青少年时代的生活，母子俩如何在贫困中挣扎的情景，自己发明柯达相机的经过，以及自己打算为社会所做的巨额的捐赠……

亚当森由衷地赞扬他的功德心。

本来秘书警告过亚当森，谈话不要超过5分钟。结果，亚当森和伊斯曼谈了一个小时，又一个小时，一直谈到中午。

最后伊斯曼对亚当森说："上次我在日本买了几张椅子，打算由我自己把它们重新漆好。您有兴趣看看我的油漆表演吗？好了，到我家里和我一起吃午饭，再看看我的手艺。"午饭以后，伊斯曼便动手，把椅子一一漆好，并深感自豪。直到亚当森告别的时候，两人都未谈及生意。

最后，亚当森不但得到了大批的订单，而且和伊斯曼结下了终生的友谊。

为什么伊斯曼把这笔大生意给了亚当森，而没给别人？如果他一进办公室就谈生意，十有八九要被赶出来。

亚当森成功的"绝"窍，就在于他了解他要进行销售的对象。他从伊斯曼的办公室入手，以几句人情话巧妙地赞扬了伊斯曼的成就，可谓是切中了要害，这使伊斯曼的自尊心得到了极大地满足，从内心把他视为知己。这笔生意当然非亚当森莫属了。

在销售中就理当如此，不能一开始便气宇轩昂的大谈产品，谈功效，谈的越多越具体，就越糟糕。不照顾客户的心理，只是一味的向客户倾倒自己的想法，机械的背诵，只会遭人反感。

三、如何使对方的拒绝变为接受

在推销的过程中，如果能让客户从内心不由自主地持续说"是"，那么我们的推销很可能就会成功，这也就是说如果能找到让客户说"是"的话题，那么就可以大大提高成交概率。

其实，这种方法一直是推销高手的成交绝技。

假设在推销产品前，先问客户5个问题，而得到5个肯定的答案，那么接下来的整个销售过程都会变得比较顺畅，当客户被谈及产品时，不断且连续地点头或说"是"的时候，成交机遇就来了。每当我们提一个问题而客户回答"是"的时候，就增强了来自客户心理上的认可度，而每当我们得到一个"不是"或者任何否定答案时，也降低了客户内心对我们的认可度。

在推销过程中，平庸的推销员经常被一些突如其来的问题弄得目瞪口呆，败下阵来，有的甚至一上场就被客户拒绝。其实，只要牢记推销目的，从客户的心理角度出发，摸准客户的心理，选择了能让客户说"是"的话题，就能预先堵住可能造成麻烦的漏洞，创造一种安全的推销气氛，主导整个沟通过程，那么推销就有可能会取得成功。

让我们来看看推销员最怕、最头疼的三句话。

辛辛苦苦地谈完了，好不容易在情理上说服了对方，却突然听到对方说一句："不错不错，我要跟太太商量商量！"

不断地转换角度想促成交易，对方仍淡淡地说："对不起，我还要考虑考虑！"

历尽艰辛成交了，墨迹还没有干，客户突然说："我的想法变了，我要求解约！"

优秀的推销员却可以让这些话通通消失，秘诀就是尽量避免谈论让对方说"不"的问题。而在谈话之初，就要让他说出"是"。

很显然，一旦客户说出"不"后，要使他的内心认识改为"是"就很困难了。因此，在拜访客户之前，首先就要准备好让对方说出"是"的话题。

如果对方真的要拒绝，那不仅仅是口头上的一声"不"，同时，他所有的生理机能也就是心理上都会进入拒绝的状态。然而，一句"是"却会使整个情况为之改观。所以，优秀的推销员明白，比"如何使对方的拒绝变为接受"更为重要的是：如何不使对方内心拒绝。

优秀的推销员一开始同客户会面，就留意向客户做些对商品的肯定暗示。

优秀的推销员在交易一开始时，利用这个方法给客户一些暗示，客户的内心态度就会变得积极起来。等到进入交易过程中，客户虽对优秀的推销员的暗示仍有印象，但已不认真留意了。当优秀的推销员稍后再试探客户的购买意愿时，客户内心可能会再度想起那个暗示，而且还会在一定的心理作用下认为这是自己思考得来的。

客户经过商谈过程中长时间的讨价还价，办理成交又要经过一些琐碎的手续，所有这些都会使得客户在不知不觉中将优秀的推销员预留给他的心理暗示，当做自己所独创的想法，而忽略了它是来自于推销员的巧妙暗示。因此，客户的情绪受到鼓励，一定会更热情地进行商谈，直到与推销员成交。

"我还要考虑一下！"这个借口也是可以避免的。一开始商谈，就立即提醒对方应当机立断就行了。具体方法很多，在这里，请看一看下面这个例子。

"以你目前的成就，我想，也是经历过不少风浪吧！要是在某一个关头稍微一疏忽,就可能没有今天的你了,是不是?"不论是谁,只要他或她有一丁点成绩,都不会否定上面的话。等对方同意甚至大发感慨后,推销员就接着说:

"我听很多成功人士说,有时候,事态逼得你根本没有时间仔细推敲,只能凭经验、直觉而一锤定音。当然,一开始也会犯些错误,但慢慢地判断时间越来越短,决策也越来越准确,这就显示出深厚的功力了。犹豫不决是最要不得的,很可能坏大事呢。是吧?"

即使对方并不是一个内心果断的人,他内心也不会希望别人说自己犹豫不决,所以对上述说法点头者多,摇头者少。那么,下面你就可以继续进行说服工作了。

"我也最反感那种优柔寡断,成不了大器的人。能够和你这样有决断力的人谈,真是一件愉快的事情。"这样,便不会听到"我还要考虑考虑"之类的话。

其实,任何一种借口、理由,都有办法事先堵住,只要我们开始准备前就站在客户的心理角度,照顾到客户的心理,预先设定好让客户说是的问题,并勇敢地说出来,那么一切便不再是问题。也许,一开始,运用得不纯熟,会碰上一些小小的挫折。不过不要紧,总结经验教训后,完全可以充满信心地事先消除种种障碍,直奔成交,并巩固签约成果。

四、打动人心的说话技巧

出于人内心的本能自我保护意识,对他人总会心存戒备,尤其是对那些初次见面或者首度共事的人,更会谨慎一些、提防一些,以免将自己的真实心理与想法口无遮拦地和盘托出，给自己惹来麻烦。

正是因为人们普遍存在这样的心理，在言语交谈以及一些其他活动中，人们总会隐藏自己内心的真实想法，就好比深藏于茧中的毛毛虫，只有一步步抽丝剥茧，巧用类比，一步步启发引导，以真诚之意，才能一点点打开人心，探寻到对方的真实想法，让谈话的结果按照我们的既定方向来走。

小洋是一位保险业务员，今天要去拜访已经有所接触的客户王先生，虽说已有所接触，但客户总是说"不需要"、"没必要"，对投保这事一直没多大兴趣。

这次一见面，也和以往两次一样，王先生给小洋递了一杯水，说道："小洋，实话跟你说吧，每个月到我这个办公室向我推销保险的人至少有七八个。我也不迂腐，可能保险确实是有用的，但是，你看看，我现在才三十出头，健健康康的，等过几年我奔四十了，那时候再买保险也不迟呀，现在买，那就是浪费钱。"

小洋看客户一开口就堵住了自己，他思量了一番，端起手中的那杯水，向客户说道："王先生，您还别说，以前我有很多客户都这么和我说过呢。我想问您一个问题，您看，就我手里这杯水，我现在五块钱卖给您，您会买吗？"

王先生笑了起来，带着不解摇头答道："五块钱？一块钱我也不会买的！"

小洋又问："假如您两天没有喝水了，我拿着这杯水，五十块钱卖给您，您会不会要呢？"

王先生犹豫了一阵，还是摇摇头。

小洋接着道："那么，假如您在沙漠里迷了路，一个人走了很久也没找到一滴水，这时，我拿着这杯水到您面前，而我要把这杯水一千块钱卖给您，您会不会买下来？"

王先生若有所思，他认真地回答："要真是那样，这杯水我肯定是要买的。小洋呀，你是想说，保险其实是个居安思危的东西，虽然现在不需要，但以后需要时可能就有点晚了，对吧？"

小洋微笑着，真诚地说道："王先生，您不愧是商场里打拼出来的，见微知著，让人不能不佩服。确实，就像您说的那样，保险就像这杯水，您现在不需要它，但以后会需要，只是到您真正需要它的时候，就算花几倍甚至几十几百倍的代价恐怕也很难为自己、为家人买到周全的保障。"

王先生沉思了一会儿，缓缓地点点头，然后主动拿过小洋带来的保险建议书，翻看了起来。最后，王先生按照小洋的建议投了保。

小洋以一杯水做为切入点，成功的运用了类比，把出于不同情景中的一杯水的价值与作用与投保进行类比，层层深入，步步引导，最终破开了来自客户内心罩在自己身上的一层厚厚的"茧"，打消了客户的顾虑与怀疑，让客户自己领悟，并主动表达出了投保的意向。

当一个人不想表露自己的心思，对我们有所顾忌或者怀疑时，我们不应当过于紧张的追问，逼迫，强硬说服。越是如此，越会造成反面效果，一旦逼急了，还可能会翻脸，大动肝火。相反，如果我们能换一种方式，多采用一些真心诚意，耐心的去类比启发的方法，反倒很容易就获得对方的认同，从而成功实现交易。

五、该让步时就让步

适当作出让步常常胜过"寸土必争",甚至还可以达到你意想不到的好效果,这适用于很多方面,当然在推销的过程中,更是作用重大。以退为进,不仅能缓和刚刚因分歧而造成的彼此之间内心的不和谐气氛,消除对方心里的怒气与火气,让话题进行下去,同时,必要的时候让步,给自己留有余地,顾及了客户的心理,很容易获得客户内心的认同与好感。

某电器公司推销员小王,准备向老客户那儿再推销一批新型发动机。谁知,刚到一家公司,该公司的总工程师劈头就是一句:"还想让我们买你的发动机?"一了解,原来他们购买的发动机热度过高。小王不知道详情,就退一步说:"先生,我的意见和你相同,如果发动机热度超标,别说买,还应该退货。""当然。"总工程师缓和多了。小王乘机问道:"按标准,发动机的温度应该比室内温度高出70℃,是吗?"总工程师答道:"但你们的产品已经超过这个温度。"推销员小王反问道:"车间温度是多少?"当听说是30℃时,推销员转退为攻:"好极了!车间是30℃,加上应有的70℃,应该是100℃左右,如果用手触摸会烫伤啊!"总工程师点头称是。小王立即补上一句:"今后可不要用手去摸发动机了,放心,那是完全正常的。"结果小王又做成了第二笔生意。

小王在顾客情绪激动时,并没有立即反驳对方,而是照顾到对方的情绪与心理，先安抚顾客，等对方情绪缓和、态度稍好之后，才一步一步引导对方，最终得出了有利于自己的结论，说服了对方并取得推销的成功。

当我们留意人在上台阶时的姿势时，就会发现：当在跨过门槛、登上台阶时，要首先抬高腿，然后再放低腿落步。这种近于本能的习惯，应用在办事的过程就成了一个很巧妙的退让方法。具体来说是用适度地退让而达到理想的要求。

在市场上，货主往往把商品标价抬高，这样他可以慢慢地让到正常价位。如此一来，买的人也觉得占了不少的便宜，很容易掏钱来买。这种讨价还价的做法，不管自己真的让步与否，也会让他人从内心真正感到确实是在让步。

以退为进的心理诱导法，在推行中非常奏效。从买主的立场出发考虑问题，当买主对于推销的产品提出批评意见时，要以退为进，可以先装做暂时忘记自己的推销使命，同意对方的观点，站在对方一边说话。这样势必会在对方心里塑造自己让步的印象，给对方留下积极的形象。

假若，推销的是电风扇，顾客对这种产品挑剔很多，并声称不买电风扇也可以。这时候可顺着对方的意思说话，"确实，花那么多钱买到一件不如意的东西真不划算！"这种话一出来，对方的感觉就好像正在使劲推一扇门，门突然不见了，自己有劲也使不上。这样一来，他的反对意见反而显得不重要了，即使他内心还有什么不满意的话也觉得没有必要再说出口了。

接下去，便可以乘势转变，以富有同情心的语调真诚地为对方设想："今年夏天虽然不太热，但电风扇还是用得着"；"如果不在乎价钱的话，可以买好一点的"。在这样的交谈中，对方无形中就会在心里把我们当做帮助其拿主意的人来看待，对推销员本能的戒心消失了。在这种情况下，买主很容易在推销员暗示之下，作出购买电风扇的决定。

按照常理来看，推销员要推销自己的货物，必定要极力吹嘘，难免有水分，时间长了，人们对推销货物者普遍形成了一种偏见，从心里认为他们说的话没有真的。广泛宣传的产品收效甚微，其道理也就在这里。而当推销员以知心朋友的身份出现时，顾客就会从内心深处被其真诚所感动，从而被说服。

六、时刻保持一种冷静的态度

销售过程中，会面临各色人群，也会遇到各种各样的不和谐的状况，这就需要推销员要用温而不火的语言，用冷静的态度与客户进行真诚的心理沟通。他若发火时，你就熄火，以适当的语言，平息他们心中的不满和怒火，这样才会有好的氛围与局面，也会为下一次的合作带来方便。如果客户发脾气，你也跟着发脾气，肯定会招致对方心中更大的不满与反感，后果肯定不堪设想，估计客户以后再也不会与你合作。

下面是几种可能出现的客户生气发火的状况，我们应当从客户的心理角度出发，用适当的语言去"熄火"：

1、犯了错误，给客户造成不良影响时

如果你拖延了交货的最后期限，当客户给你打电话时，一定可以想象他内心是多么生气，心中有多少不满。在这种情况下，一定不能和他对着吼，一定要心平气和的从客户的心理角度去说话，才能为其

"熄火"降温，也为自己以后的合作奠定基础。

一个客户正通过电话向一家大型服装公司的儿童体育用品部经理大发雷霆："你们是怎么搞的？你们保证过按时把这批尼龙儿童棒球衫以每件12美元的价格交付给我们。在这个星期的销售广告中我们已经做了大力宣传，可是你们公司的那个蠢货却通知我们这批货不符合要求，这下可好，你让我怎么办？"

那个经理面红耳赤地坐在那儿听着，客户没完没了地抱怨，说得他直冒冷汗，他也十分气愤，但他并不显露出来。

这个经理平静地对客户说："您能稍等片刻吗？让我想想这事怎么办好。"于是他把话筒从耳边拿开，深深地吸了一口气，然后对自己说："好了，现在应该怎么办？"

后来，这位经理又重新拿起电话，先为让客户久等而道歉，然后告诉这位客户，公司愿意以一批价格高一些的儿童春季夹克代替那批棒球衫，而且按他们宣传的价格每件只收12美元。并且他还向那位顾客保证立即装货。

运动衫不符合要求是生产问题，所以站在客户的立场上，这家制造公司是完全没有道理的。因此这位经理应付顾客的唯一办法就是以最佳方式向他道歉并平息他心中的怒气。从客户的角度出发说话，心平气和，既平息了客户心里的怒气，客户也会从心理上因商家的良好态度而采取继续合作的态度。如果这位经理考虑的只是自己的产品，容不得客户的怒气与指责的话进行反击，两人肯定会吵得不可开交，肯定会引起对方心中更多的不满与怒气，根本就不会有和平而又合理的解决办法，以后的合作更是无法继续。

2、无法摆脱客户的电话纠缠时

让主动打电话的一方先结束通话是从内心真正尊重对方的表现，

大部分情况下我们也应该尊重这项礼节，但是有时候，主动打电话的人可能由于一些原因并没有意识到这一点，而你却有很多事情要做，客户却抓住某一个问题探寻个没完，一些不耐烦的人就会突然挂断电话，想使对方认为电话断了线。其实这种方法是最不高明的做法，除非对方意识到这是玩笑，否则他不会从心里原谅你。对方内心肯定会认为这是对他的严重不尊重，以后他再也不会与你合作。

相反地，如果你能得体地向对方说再见，或者直截了当地向对方讲明你还有很多事情要做，没有很多时间听他在电话里讲或者可以简单地说："谢谢你打电话来，我们单独约个时间见面谈"，对方很快就能从心里意识到他占用了你太多的时间，内心对你充满歉意，同时，也会从内心对你顾及他的面子的礼貌做法表示赞赏。

3、打电话传递坏消息时

当必须传递一些令人不快的消息时，大多数的推销员会认为电话并不是合适的工具，因为通过电话并不足以说明坏消息的严重性。然而，有时它却是能使用的唯一工具。

谁都喜欢听好消息，而不愿意接受坏消息，特别是对客户而言，因为这直接关系到他们的切身经济利益。这就需要推销员在传递坏消息时，说话要讲究一点策略，从客户的心理承受程度出发，以最低限度降低客户的心理伤害为准则，最终将坏消息准确的传递给对方。

比如，可以适当的先给对方一些小暗示，可以先打个电话暗示一下说关于业务出了点问题，自己要过去当面和客户谈。这会让他心理上做好接受坏消息的准备，让他有一个可以缓冲的时间，比突然地把问题直接抛给他容易接受的多。在客户具体知道这个问题之前，他的情绪已经得到了过渡，态度就会冷静很多，双方再进行沟通的时候便会顺畅很多。

七、适当地学会变通

与客户说生意碰壁是常有的事，有的时候是客户根本不需要，有的时候是在买方市场条件下人家可以有很多选择。这时候，如果能换一种切入角度，寻找真正能打动对方心理的关键，加以言辞的妥当修饰，定会柳暗花明。

希尔广告公司的斯通先生到一个家具商场去实施一项推销计划，一开口就吃了"闭门羹"。商场经理拒绝参加，使斯通先生十分尴尬，但斯通先生只是笑笑说："无妨，那我就当您的一个顾客吧。"经理对此不能不表示欢迎。

看过商品之后，斯通先生指着一种优质进口床垫问商场经理销路如何，经理不由叹道："一般顾客对一种新品牌总有个认识过程。"斯通先生给他出了个"点子"：在楼梯口放张床垫，再在旁边迎门立一块告示牌，上书："踩断一根簧，送您一张床。"经理将信将疑地照办了。结果，顾客进店先蹦床成为该商场的一道风景，人们闻讯而至，争相蹦踏，笑声不息，接下来的经济效益可想而知了。后来，商场经理专门宴请斯通先生并主动表示愿意加入那项营销计划。

像斯通先生一样，许多人的成功就在于变通，走走弯路，先给别人一点"好处"，让其受益。"予之"后，"取之"就容易多了。

安琪到美国后在纽约的一家销售公司上班，她苦苦奔波于各个客户之间，但还是销售无门。这天她终于有了一个办法，当她深入多个公寓进行观察后有了新的发现,"我们不要台灯",她刚一开口,就被工作人员挡了回去。"你能听我说完我的想法吗?"于是她先简短精练地说了自己的公司如何改变台灯样式,使之更适合现代人的需求的想法,然后紧接着说:"百听不如一试,你们先给我一个机会。你们可以先试用两个星期,如果经我设计的台灯不能符合你们的要求的话,不用你们说话,我会自己把东西拿走。"

公寓的住户被她新颖的想法吸引了,就接受了她设计的台灯,后来她设计的新式台灯真的受到了欢迎。

安琪终于把体现自己想法的东西成功推荐给了客户,安琪先声夺人地把自己的产品告诉别人,使他们知道了产品的优良品性,再加上免费试用,不能不说对其内心充满了吸引力,让他从内心对安琪也对产品产生信赖。我们做销售要想让别人从内心"笑到最后",刚开始,就要让对方真正从心里尝到甜头,笑得灿烂。

然而,碍于某种情面,当我们给予对方一定物质的实惠时,说得太过于直接就有伤大雅,有时会使对方内心感到尴尬,甚至因厌烦而回绝我们。所以,在提供"实惠"时也是要掌握一定技巧的。

八、掌握打电话的技巧

电话营销是一种非常普通而有效的营销手段,电话推销看似简单,但做起来却不那么容易。平时的言语交谈中,形体语言和面部表情为我们与别人进行面对面推销提供了一些帮助,但是在打电话时,我们却失去了这些视觉方面的帮助,这就需要摸准客户的心理,依靠我们的嘴上功夫，去打动对方，成功实现业务接洽。因此，我们应该像塑造我们的推销形象一样，塑造我们打电话时的形象，给自己制造机会。

说话使用的词汇、语音和语调都能帮助我们传递信息，并有助于我们抓住语言背后所蕴涵着的说话人的心理状态和情绪。因此，当我们进行电话推销时，一定要注意下面这些打电话的技巧：

（1）说话时略带微笑能使语调更加动听。可以在打电话时看着镜子里的自己，注意不要阴沉着脸，要知道，客户的"心"能够"听"出你的情绪的。说话面带微笑，对方是能从心里真正感受到我们的友好态度的，易于客户接受。

（2）如果想宣传某个主张，可以站起来说，这样语气更有力而热情，能更好的感染客户，从内心打动客户。

（3）在打电话前先罗列一下要点，然后看着电脑里或手上的要点清单打电话。客户的时间是有限的，没有头绪太过啰唆，势必会造成客户内心反感，也会造成摸不着头绪，找不到重点的情况。同时也会在客户心里形成办事能力不行的印象，也会对自己所推销的产品产生怀疑。

（4）养成一种在12小时之内一定回电话的习惯。不要说自己没有看到或者听到，在最有效的时间里给对方回电话，会让客户从内心真诚实在地感受到我们的尊重与重视。

（5）当和客户通话时，尽量不要接其他人的电话。

（6）打电话的同时，尽量不要和屋里的人说话。

（7）挂电话时不要嗲声嗲气地说"再见——"，也不要矫揉造作，除非和电话那边的人很熟并有着共同的幽默感。

（8）俗话说，好记性不如烂笔头。对重要的电话号码，不管你自认为自己的记性有多好，都不要试着用脑子去记，总有一天会搞混了记不清的。对于对方所提供的重要信息，中途我们打断说用笔记一下，会让对方从心里觉得我们对这个信息比较重视，不是敷衍。

（9）要有原因地打电话，不要只是为了聊聊天。每个人都有自己要做的事情，没有原因的打电话，只会让对方从心眼里觉得你很无聊，无所事事，即便以后你有重要的事情要谈，对方也不会从内心真正信任与看好你。

（10）要想给对方留下好印象，就不要在结束前还在谈论着另外一个人。这势必会给对方内心留下自己与其他人相比不重要或者没有能力的坏想法。

同时，下面这些问题也是必须注意的：

（1）不要让你的电话响铃超过三声而使得打电话的人等待（或挂电话）。

（2）报上你的姓和名，让对方知道接听电话的人正是他要找的人。

（3）自己的电话最好由你亲自接听。如果你必须由某人为你接别人打入的电话，应该指示那个人做得有策略些。先问"请问你是谁？"然后再回答说："噢，是这样的，某先生（女士）不在。"这是一种拙劣的做法。而应该首先说某先生（女士）不在，然后再问是谁打来的电话。

（4）往外打电话时，应该先说明你是谁。如果你的电话被转接，则应该向提起分机的任何人重复一次你的姓名。

（5）在你开始没完没了地讲话之前，应该问一句："这时候给你打电话是否合适？"

（6）假如你不能在24小时之内回别人的电话，应该让另一个人代你回复。

（7）假如你打算离开办公室到外地去度长假，可以让你的语音信箱把有关信息告诉打入电话的人。

（8）不要在与客户交谈中接电话。

推销员什么都不多就是电话多，与客户交谈中没有电话好像不可能。不过我们的大部分推销员都很懂礼貌，在接电话前会形式上请对方允许，一般来说对方也会大度地说没问题。但我告诉你，对方在心底里泛起嘀咕："好像电话里的人比我更重要，为什么他会讲那么久？"所以推销员在与客户通电话时，决不再接电话。如打电话的是重要人物，也要接了后说明情况并迅速挂断，等交谈结束后再打过去。

（9）多对客户说"我们"。

当你在说"我们"时会给对方一种心理暗示：你和客户是在一起的，是站在客户的角度想问题，虽然它只比"我"多了一个字，但却多了几分亲近。北方的推销员在南方工作就有些优势，北方人喜欢说"咱们"，南方人习惯说"我"。

（10）给客户留下反应的时间。

这一点我们一些年轻的推销员可能不太注意，一般年轻的推销员思路敏捷、口若悬河，说话更是快节奏，碰到客户是上年纪、思路跟不上的，根本不知道你在说什么，容易引起客户内心反感。

当然，打推销电话的技巧和要注意的问题还有很多，还需要我们在推销过程中一点点摸索总结。掌握打电话的技巧，即使无法在电话里把保单谈妥，但至少要给对方留下良好的印象，这样才会为以后的推销打下了基础。也只有照顾到了对方的心理，掌握了有效打电话的技巧，才会真正用话语打动客户。

九、学会善于把握时机

一名机敏的推销员善于选择便能准确抓住成交"时机",即使外表看来这项推销说明已然结束,他仍能提出一项有力的理由,使他的公司拿下保单成为必然。

抓住成交机会,随时促成交易,这就要求推销员在捕捉住客户内心成交信号的时候,主动出击,有针对性地说服顾客,促成交易。这里一方面存在着"机不可失,时不再来"的机会观点,但更重要的还在于对"适时"的要求,即把握住来自客户内心的最合适的成交时机。

推销时把握时机,犹如钓鱼,浮标开始动时,虽然知道鱼儿已经上钩,但却不能立即把钓竿提上来,而应该等到浮标一次、二次、三次地被拉入水里时才可提竿。不能太早,也不能迟,否则鱼就跑掉了。

推销员与顾客的交谈,每次都存在高潮和低潮,但并不是每个高潮都是成交的最合适的机会,即使在顾客内心的成交信号发出以后,也应该选择最有利成交的洽谈高潮,提出成交要求。如果推销员错过了某个交易时机,应该当机立断,耐心等待下一个机会,千万不可急于求成,误解当机立断的含义,致使欲速不达。

通常来说,推销活动有高潮也有低潮。推销员应努力争取在高潮时用适当的语言促使顾客内心做出购买决定。切记不要在低潮时就急于求成地达成交易,否则,会适得其反。

成交技巧因人而异，常用方式如下：

（1）用赞美的语言鼓励成交。几乎每个人都喜欢赞美，抓住这一人类的心理特性，是促进成交的基本技巧之一。例如，"你的公司效益真好，如果用上我们的产品，我相信效益会更好。""贵公司生产的文明程度很值得众多厂家效仿，我想，我们的产品会使贵公司更具现代化气氛。""您穿上这样的服装，会突出显示您的气质和体型美。"

（2）"是"的逼近法。用一连串顾客只能回答"是"的问题，促成顾客从内心下定决心购买。前文已经讲过，不再赘述，但一定要记得根据实际情况灵活运用。

（3）利弊权衡分析法。当顾客内心已产生购买意图，但并没有下定决心，处在犹豫不决时，这时应拿出笔和纸，把现在购买的好处及现在不买的弊处一一列出，或通过语言分别表述，巧妙地突出现在就买的利益所在。

（4）时过境迁法。就是提示顾客，不抓紧时机，就会失去良好的机会和利益。好的机会是稍纵即逝的。例如，"我们有的顾客，几乎选择了我们所有的保险产品了。""如果您下个月再决定投保，恐怕我们的优惠措施就取消了。""这款保险组合，由于金融政策改变，下个月要提价12%。"

同时，在推销的过程中，推销员应当扫除抱有的阻碍成交的不良心理倾向：

不良心理一：推销员不能主动地向顾客提出成交要求

有些推销员害怕提出成交要求后，如果顾客拒绝将会破坏洽谈气氛，一些推销员甚至对提出成交要求感到不好意思。据调查，有70%的推销员未能适时提出成交要求。许多推销员失败的原因就在于他们没有开口请求顾客在内心作出决定。美国的研究表明，推销员每达成一次交易,至少要受到来自顾客的6次拒绝。推销员只有学会接受拒绝,才能最终与顾客达成交易。

不良心理二:推销员认为顾客会从心里主动提出成交要求

有许多推销员误以为顾客会主动提出成交要求,因而他们等待顾客先开口。这是一种错误的观点。一位推销员多次去一家公司推销,一天该公司采购部经理拿出一份早已签好字的合同,推销员愣住了,问顾客为什么过了这么长时间后才决定购买,顾客的回答竟是:"今天是你第一次要求我投保。"

绝大多数顾客都在等待推销员首先提出成交要求。即使顾客内心有投保的意愿,如果推销员不主动提出成交要求,买卖也难以做成。所以在最后的关键时间里,要把握时机,采取积极有效的措施,开口请求客户成交。

在顾客通过多种形式表露出自己内心的购买欲望时,推销员一定要善于抓住时机,给予适当的语言提示与引导,以此加快和坚定顾客的购买欲望和决心,才能成功实现销售。

十、去时要比来时美

推销界有这样一句名言:"第一次访问的结果是第二次访问的开始。"如果能在初访时在客户心里留下良好的印象,那么就为再访创造了机会。

访问推销,辞别离开的时候,给客人内心留下印象的好坏,直接影响到推销业绩。然而很多时候一些推销员常常会忽视这个问题。强迫推销而未成功的推销员多半会把门砰地一声关上,而但凡出色的推销员,都不会这样做。

出色的推销员给客户内心留下难忘的印象,绅士辞别时,会这样做:

(1) 即使对方拒绝了,也不能忘说声"谢谢"。
(2) 辞去时和访问时对待客人要同样恭敬。
(3) 门将关上时,再一次向对方表示出礼貌的态度。
(4) 关门的动作要温文尔雅,不要随手一摔。

"去时要比来时美",才能给人留下深刻的好印象。正如一首诗无论开头多么豪迈,若结尾软弱无力,都不会是首好诗。即便开头平淡无奇,而结尾余韵无穷,意境深远,却也堪称是首好诗。

推销员的辞别可以说是与顾客的暂时别离,除非决意不再和这位顾客做买卖,不在乎离去时的礼节,因为,顾客总是以辞别时的形象在内心来评价一个推销员,而推销员的形象比商品形象更要重要。尤其是在被拒绝时,更能体现一个推销员的形象与素质,除非不想再以推销为业,只做一锤子买卖。辞别时,把脸拉得很长,把手伸到背后粗暴地带上门的同时,也切断了身后那条与顾客的无形的"红线",这样就会使自己的推销市场变得越来越小。

当然,这样有礼貌的告辞,主要还是为了给再访创造机会,因此,告辞时别忘了确定一下再访日期,而对于时间的确定方式,要根据不同客户的不同特点来进行:

1. 果断型的客户要让他自己决定时间

具有独立性格的自主果断心理特性的人多半不喜欢被人安排约会时间。对于这种客户,可先试探:"下个星期天或哪天我再来做访问?"或"什么时间来比较恰当?"总之尽量避免侵犯他的自主权。

2. 优柔寡断的客户要明示时间

一般而言，女顾客多有优柔寡断的心理，面对一些选择常常会犹豫不决，所以只要还有一线希望，都应该再做一次访问。当辞别时，可以这样说："好，星期三下午我再来做更详细的说明。"具体指明日期，以观察对方反应，如果对方没有反对就表示心里默认了；如果对方说："不行，星期三我没空……"那就说："那么下个星期天我再来打扰好了。"

同时，也可以给予对方心理暗示自己将再来访问。如果未得到约会，就以为下次不能再来访问，就是太执拗了。如果对方很冷淡地说："我们目前不需要这个东西"也千万别灰心，可以接着说："好的，既然如此，下次我再带最新的产品来供您参考。您认为不合适也没关系。"这样就创造了再次访问的机会了，这个时候就是要表示自己还要再来，而且要他再度听你的推销。

总期待一次访问就成交是不切实际的，而以为下次再也不走进这个家门，也是愚蠢的。聪明的推销员一定会与已访问的人结下不解之缘，一次、二次乃至数次去访问。

第八章 谈判说话心理策略：
字字中的，就是一番"攻心"计

　　谈判是双方为某种目的企求达到一致的一种磋商，是用对话的方式去谋取一个好的结果。一定意义上，谈判更是一种借助语言这个基本工具而进行的一场心理博弈战，把话说到对方心坎里，才能促使谈判获得成功。

一、寻找最佳的谈判方式

　　许多事情要想达到目的，就不能直来直去，真真假假，虚虚实实，反而更能吊对方的胃口，击垮他人的心理防线。这适用于很多场合，当然，在谈判的过程中，更是堪称绝妙。

　　谈判的过程中，气氛本身就很凝重，适当地制造一点假象，释放一下烟雾弹，就能轻易地给对方造成心理压力，形成紧迫气氛，这样才能让谈判得以按照我们既定模式顺利而又有效的进行，进而达到我们的预期目的与理想效果。

　　曾经有三位日本人代表日本航空公司与美国的一家飞机制造公司谈判。日方作为买方，美方作为卖方。美国公司为了抓住这次商业机会，挑选了最精明干练的高级职员组成谈判小组。

　　谈判开始时，并没有像常规谈判那样双方交涉问题，而是美方开始了产品宣传攻势。他们在谈判室内张贴了许多挂图，还印制了许多宣传资料和图片。他们用了两个半小时，三台幻灯放映机，放映好莱坞式的公司介绍。他们这样做，一是要加强自己的谈判实力，另外则是想向三位日本代表作一次精妙绝伦的产品简报。在整个放映过程中，日方代表静静地坐在那里，全神贯注地观看。

　　放映结束后，美方高级主管不无得意地站起，扭亮了电灯。此时，他的脸上挂着情不自禁的得意的笑容，笑容里充满了期望和必胜的信念。他转身对三位显得有些迟钝和麻木的日方代表说："请问，你们的看法如何？"

不料一位日方代表却礼貌地微笑着说:"我们还不懂。"这句话大大伤害了他此时的心情。他的笑容随即消失,一股莫名之火似乎正往上顶。他又问:"你说你们还不懂,这是什么意思?哪一点你们还不懂?"

另一位日方代表还是有礼貌地微笑着回答:"我们全部没弄懂。"美国的高级主管又压了压火气,再问对方:"从什么时候开始你们不懂?"第三位日方代表严肃而认真地回答:"从关掉电灯,开始幻灯简报的时候起,我们就不懂了。"

这时,美国公司的主管感到了严重的挫败感。他灰心丧气地斜靠着墙边,松开他价值昂贵的领带,显得如此地心灰意冷,无可奈何。他对日方代表说:"那么,那么,……那么你们希望我们做些什么呢?"三位日方代表异口同声地回答:"你能够将简报重新来一次吗?"

美国公司精心设计安排的幻灯简报,满以为日商会赞叹不已,从而吊起他们花大价钱购买的胃口。可是正当美国公司为他们的谈判技巧和实力沾沾自喜的时候,日方代表的"愚笨"和无知使他们突如其来地感到沮丧,而且日方代表还要求重新放映幻灯片,这种拖延时间的办法,又使他们的沮丧情绪不断膨胀。等到双方坐下来谈判的时候,美方代表已毫无情绪,只想速战速决,尽早从不愉快中解脱出来;谈判结果自然是对日方有利的,三个日方高级职员正是凭着他们看似真诚的谎言为公司节约了一大笔资金。

那三位日本代表懂装不懂,以假乱真的心理战术真是绝妙。面对对手的充分准备,并没有慌乱,反而表现镇定。在对手信心满满,期待成功的兴致点上,泼了一盆冷水,降低了对方的信心额度,并继续用以假乱真的语言来一步步击垮对手的心理防线,最终按自己的期望成功完成谈判。

在谈判场上，言语交谈至关重要。只言片语就能反馈很多信息，同时，谈判也是一场心理战，只有看准对方，摸准对手的心理，才能一语千金，给对手最有力的一击，逼其投降，成功制胜对手。

二、互惠也可以是一种新型谈判

双赢即双方获胜，让交往的双方都能成为谈判中的胜利者，都能得到他们应得到和内心最想得到的东西。就如同两个小朋友在一起分苹果，大家都想得到大块的，由此引起互相争吵，甚至拳脚相加，苹果也很可能掉到地上摔坏了。只有把苹果分成同样大小的两块，才不会引起争执，双方又都从内心感到高兴。

每个人的性格、爱好不尽相同，那么处理问题的方式也就会存在很大差异，从长远的角度来看，商务谈判其实不存在单方面的纯粹胜利者。那种从心理上置对方利益于不顾的所谓"胜利者"，最终也无法获得来自任何人内心的信任与好感，将成为商场中的弃儿，双方获得胜利才是谈判中的最高境界。

谈判是为了协调双方利益的分歧或冲突而进行的磋商、解决和协议的过程。一场真正意义上的成功的谈判，应该让每一方都是胜利者，也就是应当秉着互惠的原则。

以激烈的竞争方式进行的谈判，似乎都以单方面的彻底胜利而告终。所谓的赢家攫取一切，称心如意，而输家则一败涂地，丢尽脸面。然而，这样的"了结"很难说是就此了结。除非达成的条件在某些方面对"输家"有利，不然这个"输家"很快就会设法改变这种结局。

与一盘棋赛不同，现实的谈判活动没有"终局"。

近年来谈判者一般都采用互惠的谈判模式取代了传统的谈判模式。不再从心里单纯视对手为敌人，而是视对手为问题的解决者，谈判的目标也不是单纯获得谈判的胜利，而是在顾及效率及人际关系之下达成彼此内心需要的满足；而且，不再从内心单纯地把自身受益作为达成协议的条件，而是更多地探寻共同利益。互惠的谈判模式将取得你赢我也赢的结果，使谈判双方都能成为胜利者。

人是有感情的，人也是有需要的。当人的内心需要得到满足时，人就会感到快乐；当内心需要得不到满足时，人就会感到痛苦。要想掌握人的行为，就必须从他人内心需要出发，了解某种行为要满足什么样的心理需要以及个人选择这种行为的理由是什么。要想提高自己在谈判中双赢的谈判能力，就必须找出对方的内心需要，让对方相信，现在就可以满足他的利益需要。满足他的利益需要，然后才能在说服和谈判中取得成功，这是最重要的保证。

三、适时改变谈判策略

曾有人说："生活本身就是一系列无休止的谈判"，这不无道理。而商务谈判，是指谈判双方为实现某种商品或劳务的交易，对多种交易条件进行的协商。随着商品经济的发展，商品概念的外延也在扩大，它不仅包括一切劳动产品，还包括资金、技术、信息、服务等。因此，商务谈判是指一切商品形态的交易洽谈，如商品供求谈判、技术引进与转让谈判、投资谈判等。

在谈判准备过程中，要想制胜，谈判者要在对自身情况作全面分析的同时，设法全面了解谈判对手的情况，这包括很多方面，当然也包括对方的心理素质与状态。很多时候我们所面临的不只是实力与技术的较量，更多的是来自双方心理素质的较量。

自身分析主要是指进行项目的可行性研究。对对手情况的了解主要包括对手的实力（如资信情况），对手所在国（地区）的政策、法规、商务习俗、风土人情以及对手的谈判人员心理与情绪状况等。目前中外合资项目中出现了许多合作误区与投资漏洞，乃至少数外商的欺诈行为，很大程度上是中方人员对谈判对手了解不够所导致的，甚至很多人都忽略了心理状态这一因素。

国际间的商务交往是国际关系的重要内容，是和平时期国际交往的主旋律。随着我国市场经济的推进和对外开放的进一步扩大，国际商务谈判作为商战的序幕，已越来越频繁地出现在经济中。

尤其是我国加入WTO后，我国各企业和单位所面临的国际商务谈判越来越多。谈判是一种进行往返沟通的过程，其目的是为了就不同的内心要求或想法而达成某项联合协议。谈判又是一系列情势的集合体，它包括沟通、销售、市场、心理学、社会学、自信心以及冲突的解决。

此外，作为一个国际商务谈判者，还应具备一种充满自信心、具有果断力、富于冒险精神的心理状态，只有这样才能在困难面前不低头，风险面前不回头，才能正视挫折与失败，拥抱成功与胜利。

国际商务谈判常常是一场群体间的交锋，单凭谈判者个人的丰富知识和熟练技能，并不一定就能达到圆满的结局，所以要选择合适的人选组成谈判小组与对手谈判。谈判成员各自的知识结构要具有互补性，从而在解决各种专业问题时能驾轻就熟，并有助于提高谈判效率，在一定程度上减轻了主谈人员的压力。同时，合适的谈判小组的心理状态与素质也会给成功谈判起到极大的推动作用。

　　商务谈判中经常遇到的问题就是价格问题，这一般也是谈判利益冲突的焦点问题。准备工作的一个重要部分就是设定让步的限度。如果你是一个出口商，你要确定最低价，如果你是一个进口商，你要确定最高价。在谈判前，双方都要确定一个心理底线，超越这个心理底线，谈判将无法进行。这个底线的确定必须有一定的合理性和科学性，要建立在调查研究和实际情况的基础之上，如果出口商把目标定的过高或进口商把价格定的过低，都会使谈判中出现激烈冲突，最终导致谈判失败。

　　当你确定开价时，应该考虑对方的文化背景、市场条件和商业管理。在某些情况下，可以在开价后迅速做些让步，但很多时候这种做法会显得对建立良好的商业关系不够认真。所以开价必须慎重，而且留有一个足够的选择余地。

　　每一次谈判都有其特点，要求有特定的策略和相应战术。在某些情况下首先让步的谈判者可能会被对手从心理上认为处于软弱地位，致使对方会对我们施加心理压力以得到更多的让步；然而另一种环境下，同样的举动可能被看做是一种要求汇报的合作信号。在国际贸易中，采取合作的策略，可以使双方在交易中建立融洽的商业关系，使谈判成功，各方都能受益。但一个纯粹的合作关系也是不切实际的。当对方寻求最大利益时，会采取某些竞争策略。因此，在谈判中采取合作与竞争相结合的策略会促使谈判顺利结束。这就要求我们在谈判前应根据不同状况与情绪状态制订多种策略方案，以便随机应变。

　　所以，需要事先计划好，如果非要做出让步，要核算成本，并确定怎样让步和何时让步。重要的是在谈判之前要考虑几种可供选择的竞争策略，万一对方在心理上认为你的合作愿望是软弱的表示时，或者对方表现出不合情理，咄咄逼人的心理情绪状态时，这时改变谈判的策略，可以取得额外的让步。

四、学会放低姿态

谈判的过程中，摊开自己的掌心，言语中主动向对方示弱，既是一种内心示诚的表示，也是一种智慧的体现。人有着本能的逆反心理，当对方的力量越是强大的时候，来自自己内心的反击与反抗也更为猛烈；而如果对方在自己面前示弱时，自己反而会消除戒备，从内心上接纳对方，也更愿意将自己真实的一面揭示给对方看，也愿意提供给对方机会。暂时的示弱不代表真的认输，而是一种高明的智慧，一种套取对方真话，让其主动走向我们期望局面的好方法。

主动向谈判对方示弱，就像我们奇妙的身体语言一样，当我们掌心向上，双手做出往上抬的动作时，代表着接纳、诚恳、开诚布公与不设防，这个动作能淡化与我们交谈的人内心的戒备与抵触。而当我们交叉双臂或者环抱时，意味着拒绝、反对、防御或者是冷处理，这当然不利于双方的沟通。假若我们若无其事地展开了掌心，主动向对方示弱的话，对方的潜意识里能够感受到我们的诚意与心意，相应的，他们也会慢慢地打开自己的心门，渐渐地信任我们，接受我们。

吴先生目前正在与一家公司洽谈一项广告业务，约好与对方开会做方案的说明与展示，客户公司非常重视这次合作，派出了一位副总，还有好几位经理一起参加这次会议。他为了这次展示做了充分的准备工作，连开场白都是字斟句酌仔细推敲了好几遍的。但是，当他站到会议桌前的发言台上，面对客户公司派出的这几位中高层管理人员时，他突然觉得，无论是论知识还是论阅历，自己都远远赶不上在座的客户，如果按照自己原先设计好的开场白思路来做展示，恐怕是不会有比较好的结果的。

于是，吴先生面带微笑，大方坦诚地说道："王总，还有在座的各位经理，不怕几位笑话，我是第一次独立主持这样高级别的展示会，非常紧张，就在刚才会议开始之前，我还在背诵自己设计好的几页台词。"他稍稍停顿了一下，看到四位客户的脸上都露出了微笑，于是，接着说道，"但是，现在，看到几位，我突然不再紧张了。因为，我知道，王总号称'鬼斧'，是业内最好的营销实战专家，成功打造过十几款畅销产品，而几位经理，也都是历经十余年市场磨砺在业内难逢敌手的精英人物。无论我这次方案展示做得成功与否，我和我所代表的公司都能从几位身上学到宝贵的东西。因此，我现在可以抱着平常心来做这次展示，在展示过程中，恳请各位专家随时指点我……"

这一次展示会相当成功，虽然吴先生拿出的方案并不太完善，但是几位客户都当场坦率地给出了改进意见与建议。经过一轮修改之后，方案顺利通过，吴先生与该公司顺利签下了广告合约。

吴先生之所以能从心里打动几位"重量级"客户，让对方接受自己的方案，并针对这个方案的缺点，做的不完美的地方，不但没有指责，反而内心真诚坦率地说出他们宝贵的意见与建议，很大程度上得益于吴先生的"示弱"法。主动示弱，放低姿态，潜心以客户为师，对方当然不会指责，相反，还会给他宝贵的指导意见和建议。

谈判过程中的主动示弱实在不愧是一种以退为进、以弱胜强的好战术，放低姿态，主动示弱，不仅能赢得来自对方内心的信任；同时还能抓取更多含金量更高的信息，给自己提供更多的益处，还能成功促成谈判。

谈判本是一个硝烟弥漫的战场，而语言上的主动示弱在一定意义上是给这个温度过高的场合降了降温，让对方从心理上冷静放松下来。同时，主动示弱也代表着内心的真诚与信任，相应也会博取对方内心的好感与信任，以友好坦诚的方式来对待我们。

五、巧妙运用激将法

谈判过程当中，如果能找准对方心理的致命弱点，恰当而又适度的用语言来激将对方，势必会给对方造成极大的心理波动，让我们在谈判中占据优势，就能使谈判过程的主流方向控制在我们手中，使谈判结果朝着我们既定的方向来发展。

《孙子兵法》中说："怒而挠之"。就是说对于易怒的敌将，要用挑逗的方法来激怒他，使其失去理智，轻举妄动，这就是激将法。对于战争中将帅间所使用的"激将法"是指对意志消沉的人进行更猛烈的嘲笑，使其在内心痛苦中猛醒，然后"知耻而后勇"，激发其潜能，体现出超人的意志，使其走出低谷，取得成功。

说到"怒而挠之"的激将法，古时，当数三国时期诸葛亮东吴谈判。

曹操率领83万大军下江南，欲从刘备手中夺取荆州。刘备为了保存力量，就派军师诸葛亮去联络东吴，共同抗击曹军。此时，东吴孙权听说曹操大军已到襄阳，欲战，又恐势单力薄，抵不住曹军；欲降，又怕曹操容不下他，最后落个身败名裂的下场，因此犹豫不决。于是召回了正在鄱阳湖训练水师的主将周瑜。

诸葛亮到东吴后，先见到东吴主将周瑜，周瑜问诸葛亮有何良策对付曹操。诸葛亮回答说："曹操善于用兵，天下没有人可以抵挡。愚有一计，只须差遣一名使者，送两个人给曹操，曹操得到这两个人后，定会率百万大军卸甲卷旗而退。"

周瑜问："用哪两个人，可退曹兵？"

诸葛亮煞有介事地说："我在隆中居住的时候，听说曹操在漳河之上新造了一座铜雀台，极其宏伟壮观，已广选天下美女，充实其中。那曹操本来是个好色之徒，如何能就此得到满足。他很早就听说江东乔公有两个女儿，大女名叫大乔，次女名叫小乔，都有沉鱼落雁之色，羞花闭月之貌。曹操曾经发誓说：他有两个愿望，第一愿望是扫平四海，以成就帝王之业；第二个愿望是得到江东的二乔，安置在铜雀台上，以安乐地度过晚年，虽死而无遗憾了。如今曹操领百万雄兵虎视江南，也不过是想得到二乔而已。将军何不去寻找乔公，以千金买得二女，差人送与曹操，此乃范蠡献西施之计谋，将军为什么不尽快去办呢？"

周瑜问道："曹操想得到二乔，有什么证明？"

诸葛亮郑重其事地说："曹操的幼子曹植很有文才，下笔成文，曹操便令他作了一赋，名叫《铜雀台赋》。赋中的意思主要是说他曹家当为天子，并发誓得到二乔。"

周瑜又问道："此赋您是否记得？"

诸葛亮回答说："我爱此赋文辞精美，曾熟读过此赋。"

于是周瑜便请诸葛亮背诵。当诸葛亮背诵到"立双台于左右兮，有玉龙与金凤。揽二乔于东南兮，乐朝夕之与共"时，周瑜勃然大怒，站起身来指着北方大骂道："老贼欺我太甚！"

诸葛亮忙说："从前单于屡次侵犯汉朝边疆，汉天子也是许配公主和亲，今天将军何必又爱民间两个女子呢？"

周瑜说:"您有所不知,这大乔是先主孙策将军的主妇,小乔是我周瑜的妻子。"

诸葛亮假装十分惶恐的样子,连连谢罪:"我实在是不知,失口乱言,死罪!死罪!"

周瑜发誓说:"我与老贼势不两立!我自离鄱阳以来,就有北伐之心,就是刀斧加头,也不改此志!望您助我一臂之力,共破曹操。"

诸葛亮连忙说:"假如将军不嫌弃,愿效犬马之劳,早晚听从将军驱使。"

刘孙终于结成同盟,共同抗击曹操。

周瑜本身就喜欢意气用事,诸葛亮正是利用了他这个心理弱点,采用激将法激怒他,最终能联合起来,一致对付曹操,保存了刘备的实力。

人们在险恶之际,既会不遗余力地奋斗求生,发挥潜在的能量,爆发出异乎寻常的勇气,又会自动放弃平素的偏见和隔阂,团结一致。所以尉缭子主张,要想方设法把军队变成必死之"贼"一般,如此就能背水一战,无所畏惧,一以当十,所向披靡。

商业谈判中,如果想使自己的产品卖出好价钱,如若对方是个心烦气躁的人,了解了对方的这个心理弱点,用激将法最容易使之就范。谈判中激将法就是谈判者通过一定的语言手段刺激对方,激发对方的某种情感,由此引起对方的情绪波动和心态变化,并使这种情绪波动和心态变化朝着自己所预期的方向发展。

甲市某橡胶厂进口一整套现代化化胶鞋生产设备,由于技术力量跟不上,搁置了3年无法使用。后来,新任厂长决定转卖给乙市的一家橡胶厂。

正式谈判前,甲方了解到乙方两个重要情况:一是该厂经济实力雄厚，但基本上都投入了再生产，要马上挪200万元添置设备，困难很大。二是该厂厂长年轻好胜，几乎在任何情况下都不甘示弱，甚至经常以拿破仑自喻。对乙方的内情有所了解后，甲方厂长决定亲自与乙方厂长谈判。

甲方厂长："昨天在贵厂转了一整天，详细了解了贵厂的生产情况。你们的管理水平确实令人信服。你年轻有为，能力非凡，真使我钦佩。可以断言，贵厂在你这位精明厂长的领导下，不久一定可以成为我国橡胶行业的一颗明星！"

乙方厂长："哪里哪里，老兄过奖了！我年轻无知，恳切希望得到老兄的指教！"

甲方厂长："我向来不会奉承人，实事求是嘛。贵厂今天办得好，我就说好；明天办得不好，就会说不好。"

乙方厂长："老兄对我厂的设备印象如何？不是说打算把你们进口的那套现代化胶鞋生产设备卖给我们吗？"

甲方厂长："贵厂现有生产设备，在国内看，是可以的，至少三五年不会有什么大的问题。关于转卖设备之事，昨天透露过这个想法，在贵厂转了一天后，想法有所改变了。"

乙方厂长："有何高见？"

甲方厂长："高见谈不上。只是有两个疑问：第一，我怀疑贵厂是否真有经济实力购买这样的设备；第二，我怀疑贵厂是否有管理操作这套设备的技术力量。所以，我并不像原先考虑的那样，确信将设备转卖给贵厂，能使贵厂三年之内青云直上。"

乙方厂长听到这些，觉得受到了甲方厂长的轻视，十分不悦。于是，不无炫耀地向甲方厂长介绍了本厂的经济实力和技术力量，表明本厂有能力购进并操作管理这套价值200万元的设备。经过一番周旋，甲方成功地将"休养"了3年的设备转卖给了乙方。

谈判中，使用激将法，要遵循适度的原则，有的"稍许加热"即可，有的则要"火上浇油"；有的只要"点到即止"，有的却要"穷追猛打"；有的可以"藏而不露"，有的则需要"痛快淋漓"。

同样，在产品的销售过程中，用"怒而挠之"，也可以刺激对方的自尊心和虚荣心，使其理智程度降低，从而达到自己的价格目的。

"怒而挠之"法的关键是"挠"，要有针对性分对象的来挠。一般说来，年纪轻的要比年纪大的易"挠"些，见识少的要比见识多的易生气些；越是讲究衣着打扮的、好争高比强的、地位较高、受人尊重的人越怕别人看不起。对于不同职业不同性格的不同人群使用激将法，会有不同的心理效应。只要掌握了准确而又适度运用"怒而挠之"的激将法的原则，无疑是对我们谈判说话水平的莫大帮助和补充。

六、以静制动，无声胜有声

沉默所表达的意义是丰富多彩的，它以言语形式上的最小值换来了最大意义的内心交流。沉默既可以是内心无言的赞许，也可以是内心无声的抗议；既可以是欣然默认，也可以是保留观点；既可以是来自内心的威严震慑，也可以是心虚的流露；既可以是此刻内心毫无主见、附和众议的表示，也可以是决心已定、不达目的绝不罢休的标志。

当然，在一定的语境中，沉默的语义是明确的，就像乐曲中的休止符一样，它不仅是内心声音的空白，更是内容的延伸与升华，是对有声语的补充。

有位著名的谈判专家，一次，他替他邻居与保险公司交涉赔偿事宜。

理赔员先发表了意见："先生，我知道你是谈判专家，一向都是针对巨额款项谈判，恐怕我无法承受你的要价，我们公司若是只出100美元的赔偿金，你觉得如何？"

专家表情严肃地沉默着。根据以往经验，不论对方提出的条件如何，都应表示出不满意，此时，沉默就派上用场。因为当时对方提出第一个条件后，总是暗示着可以提出第二个、第三个……

理赔员果然沉不住气了："抱歉，请勿介意我刚才的提议，再加一些，200美元如何？"

良久的沉默后，谈判专家开腔了："抱歉，无法接受。"理赔员继续说："好吧，那么300美元如何？"

专家过了一会儿，才说道："300美元？嗯……我不知道。"理赔员显得有点慌了，他说："好吧，400美元。"

又是踌躇了好一阵子，谈判专家才缓缓说道："400美元？嗯。我不知道。""就赔500美元吧！"

就这样，谈判专家只是重复着他良久的沉默，重复着他的痛苦表情，重复着说不厌的那句缓慢的话。最后，这件理赔案终于在950美元的条件下达成协议，而邻居原本只希望要300美元！

谈判是一项双向的交涉活动，各方都在认真地捕捉对方的心理反应，以随时调整自己原先的方案。此时，一方若干脆不表明自己的态度，只用良久的沉默和"不知道"这些可以从多角度去理解的无声和有声的语言，就可以使对方摸不清自己的心理底细而做出有利于己方的承诺。这个谈判专家正是利用这一心理特点，使得价钱不停自动往上涨。

　　在一定的语境中，沉默能迅速消除言语传递中的种种心理障碍，使听者的注意力集中，就像乐队指挥举起指挥棒，喧闹的会场立即安静一样，沉默使听者的情绪得到无声的内心感染。谈判中，适时沉默，往往能收到千言万语所不能达到的效果。

　　在谈判中运用沉默应当注意沉默的长度的掌握。沉默的长度能对听者产生相当的影响，当行则行，当止则止，必须给予适当的控制。"没有一点声音，没有任何喝彩，只有那深沉的静寂。"这就是沉默的最佳传播效能。

　　如果沉默的时间掌握得不恰当，只要稍微放长了那么一点点，听者就会从这稍长的瞬间觉醒过来，在高潮到来以前做好了心理准备，那就平淡无奇了。如果不分场合故作高深而滥用沉默，其结果会事与愿违，只能给人以矫揉造作的感觉。

七、适当地满足对方的利益

　　美国著名谈判学家尼尔温伯格认为："一场成功的谈判，每一方都是胜者。"

　　"天下熙熙，皆为利来；天下攘攘，皆为利往。"拙劣的谈判者只会表现人类的本性心理，聪明的谈判者却善于利用人类的本性心理。懂得利用人类的本性心理，实际是在利用对方的心理切实利益作为诱饵，从而含情脉脉地达到自己的目的。尽管两者的目标相同，但是由于使用的方法不一样，最后的结果往往会大不相同。从谈判的实践看来，主动指出对方的切实利益所在，让对方知道这次谈判将给他带来的好处，会更有利于促进双方之间的成功合作。

有一家公司主要从事台灯生产，因为公司是新成立的，产品还没有形成品牌效应，价格上也不占优势，销路一直不太好。于是董事长亲自去各地进行旅行推销，希望能与各个代理商积极合作，为他们的产品顺利打开销路，甚至可以全面占领市场。

董事长把各家代理商召集在一起，给他们推荐本公司的新产品，告诉各位代理商："经过多年的研制与开发，我们公司终于完成了对这个新产品的投产试用。尽管现在它还不能称得上是一流的产品，但是我仍然要拜托大家，以第一流的产品价格到本公司来订购这种新产品。"

顿时，全场一片哗然："既然是二流的产品，有什么理由要求我们用一流的价格去购买？"

董事长接着说："我并没有搞错。我们都知道，在目前的台灯制造行业中，全国只有一家公司能够称得上是第一流的，并且他们已经从整体上把市场垄断了。这个时候，即使他们随意提高产品的价格，大家也得去买。假如有新产品出现在市场上，品质优良而价格也更便宜，对大家来说难道不是一件好事吗？要不然，大家还需要按照那家厂商开出的高价去购买然后再经销，如此一来，得到的利润就非常有限了。"

说到这里，各位经销商纷纷点头表示赞同。董事长继续道："泰森在拳坛可以说是纵横天下再无敌手，这样一来，由于缺少真正有实力的对手，观众很难再看到一场实力相当、扣人心弦的拳击比赛了。目前的台灯行业也是这种情况。这个时候若是出现一个与那家大公司实力相当的公司来跟它竞争的话，就能直接导致产品价格的降低，经销商便能从中获得更多的利润。"

"至于本公司现在只能制造出二流的电灯泡是因为本公司新成立不久，目前在财力上还没有足够的资金用于技术改造和突破。但是假如大家肯帮忙以一流产品的价格来购买本公司的产品，我们很快就能筹集到足够的资金进行技术改造。相信过不了多久，本公司便可以制造出一流的产品并推向市场，到那个时候在座的各位就是最直接的受益者了。"

就这样，谈判在一种愉快而热烈的氛围中顺利结束，这家台灯制造厂成了最大的赢家。

尽管产品质量不是最好的，但却让对方以最高的价格购买，听起来实在是有些不可思议。但是更令人匪夷所思的是，这样的要求居然可以让大家从心里接受。这位董事长正是以对方的利益作为诱饵，没有苦口婆心的劝说，也没费多少口舌，只是在关键时刻把经销商的利益给抬了出来，可谓是把话真正说到了经销商们的心坎里，才能促使谈判获得最后成功。

要想提高自己在谈判中真正能成功达成协议的谈判能力，也就必须找准对方心里的切实利益需要，并用实际的行动与坚定而又强有力的语言把会满足他们的心理切实利益需要的信息传递给他们，这样才会真正的说服并征服对方内心，达成协议。

第九章 求人办事说话心理策略：
说话有情有理,他人心甘情愿为你"效劳"

要想办成事,把我们所说的话的价值发挥到最大,就要学会善于运用洞悉人心的力量。找对路子,摸准窍门,打动对方,如此,才能使事情顺理成章地达成。

一、适当学会低头说话

小时候的玩伴,过去的同学、战友,当年在一起时亲密无间,而如今时过境迁,当年感情虽在,但如今身份有了变化,地位也有了改变,肯定心态也不一样了。如果去求其办事,开口说话无视彼此之间现在的各种差距,还是以"当年如何"的心态来进行交流的话,注定是剃头挑子一头热。

感情归感情,完全可以拿它说事儿,但也要有能低头的心理准备,要能够拉下脸,恰当地说低头话才能办成事。

明代开国皇帝朱元璋,少年时做过放牛郎,结交了一帮穷朋友。做了皇帝后,那种高处不胜寒的感觉便渐渐袭来了,于是他很怀念过去的一帮穷朋友,总想找机会与他们敞心叙谈。

有一天,一个人从乡下赶来,一直跑到皇宫门外,在他的哀求下,有人进去启奏说:"有旧友求见。"

朱元璋吩咐传进来,那人见面后即下拜说:"我主万岁!当年微臣随驾扫荡泸州府,打破罐州城。汤元帅在逃,拿住豆将军,红孩子当兵,多亏荣将军。"

朱元璋听他说得动听、含蓄,心里很高兴,回想当年饥寒交迫、有乐共享、有难同当的情景,心情很激动,所以,立即封他为御林军总管。

这个消息让另一位穷朋友听见了,心想:"同是那时候一块儿玩的人,他去了既然有官做,我去了也不会倒霉的。"

和朱元璋一见面，他高兴极了，生怕旧友忘了自己，便指手划脚地说："我主万岁！还记得吗？从前你我都替人家放牛。有一天，我们在芦花荡里，把偷来的豆子放在瓦罐里煮。还没等煮熟，大家就抢着吃，把罐子都打破了，撒了一地的豆子，汤都没在泥地里，你只顾顺手从地下抓豆子吃，却不小心连草叶子也送进嘴里，卡住喉咙。还是我出的主意，叫你用青菜叶子放在手上一拍吞下，才把红草叶子吞进肚子里去。"

当着百官的面，朱元璋又气又恼，哭笑不得，为顾全风度，他喝令左右："哪来的疯子，拿下，重责。"

后面这位皇帝的穷朋友，只会一味讲实话，不想境况今非昔比了，还以当年的心态当别人与自己平起平坐，说话不低头，结果落得如此的下场。既然有求于人，既然想要官做，既然想要捞好处，那就应当在别人面前认低，更何况对方是高高在上的皇帝。即使是两小无猜的发小，去求人办事，也要能说低头话。这样才能照顾到此刻对方的自尊与心理需求，才会让对方内心受用，乐意为我们办事。

求人办事，就要能低头。就算感情再好，别人也不见得乐于帮助我们，要能低头，说低头话。有感情固然好，但在忆感情的时候，要顾及对方的身份与内心感受，要知道对方已今非昔比，便不可同日而语，要让对方从内心深处觉得我们比他姿态要低才行，才会让对方内心受用，有满足感。这样才会让给我们办事的对方觉得他的好意得到了我们的内心认可，才能感受到我们的内心感激。

二、自我介绍要得体

在求人办事时,自我介绍是必不可少的。从交际心理上看,人们初次见面,彼此都有一种了解对方,并渴望得到对方尊重的心理。这时,如果你能及时、简明地进行自我介绍,不仅满足了对方的渴望,而且对方也会以礼相待,自我介绍。这样,双方以诚相见,就为彼此的沟通及进一步交往奠定了良好的心理基础。

有时,在参加社交集会时,主人不可能把每一个人的情况都介绍得很详细。为了增进了解,同时,也为了在对方内心留下深刻的印象,你不妨抓住时机,多作几句自我介绍。时机有两种:一是主人介绍话音刚落时,你可接过话头再补充几句;二是如果有人表示出想进一步了解你的内心意向时,你可作详细的自我介绍。

自我介绍时应注意以下几点:

1、要有自信心

在日常交往尤其是求人办事时,有些人怕见陌生人,见到陌生人,似乎思维也凝固了,手脚也僵硬了。本来伶牙俐齿的,变得说话结巴;本来拙嘴笨舌的,嘴巴更像贴了封条。这种状况怎能介绍好自己呢?要克服这种胆怯心理,关键是要自信。有了自信心,才能介绍好自己,给别人内心留下好的印象。

2、要真诚自然

有人把自我介绍称为自我推销。既然推销产品时需要在"货真价实"的基础上作宣传,那么推销自我时也不能不顾事实而自我炫耀。

因此，作自我介绍时，最好不要用"很"、"最"、"极"等极端的词汇，给人心里留下"狂"的印象；相反，真诚自然的自我介绍，往往能使自己的特色更闪闪发光，引起人们的内心注意。

3、要考虑对象

自我介绍的根本目的是要给对方留下一个心理印象，因此要站在对方理解的角度来说话。所以，在介绍自己时，一定要重视那个或那群与你打交道的人，要随机应变。如你面对的是年长、严肃的人你最好认真规矩些；如与你打交道的人随和而具有幽默感，你不妨也比较放松地展示自己的特点，作出有特色的自我介绍来。

总之一句话，要在自我介绍中表现出你的口才，使它成为与人沟通和进一步交往的前提。

三、用闲谈打开话题

求人办事时，一开始不必要直接进入正题，最好是从"闲谈"开始，既能缓解带来的尴尬氛围，又让彼此之间内心觉得亲切自然，缩短彼此之间的距离。

有些人就是不喜欢"闲谈"，觉得"今天天气哈哈哈"和"吃过早饭了吗"这一类的话，没什么意思，不喜欢谈，也不屑于谈，但其实这一类看来好像没有意义的话，却起着很重要的心理作用。它是求人办事时交谈的心理准备工作，就像在踢足球之前，蹦蹦跳跳，伸手伸脚，做一些柔软体操或热身运动一样。

由"闲谈"开始能使大家内心轻松一点,熟悉一点,造成一种有利交谈的气氛。当交谈开始的时候,我们不妨谈谈天气,而天气几乎是中外人士最常用的普遍的话题。天气对于人生活的影响太密切了,天气很好,不妨同声赞美;天气太热,也不妨交换一下彼此的内心苦恼;如果有什么台风、暴雨或是季节流行病的消息,更值得拿出来谈谈,因为那是人人都关注的。

如何开始交谈,尤其是当我们要面对各式各样的场合,面对各式各样的人物,要能作得恰到好处,实在不是一件容易的事。倘若开始交谈得不好,就不能继续发展之间的交往,而且还会使得对方内心感到不快,给对方心里留下不好的印象,自然、亲切有礼、言辞得体是最重要的。然而做到这一点,也不能说就一定会收到良好的心理效果。

因此,平时除了自己所最关心、最感兴趣的问题之外,还要多储备一些和别人"闲谈"的资料。这些资料往往应轻松、有趣,容易引起别人的内心注意,比如:

(1)自己闹过的一些无伤大雅的笑话。例如,买东西上当啦,语言上的误会啦,或是办事摆了个乌龙啦等,这一类的笑话,多数人都爱听。如果把别人闹的笑话拿来讲,固然也可以得到同样的效果,但对于那个闹笑话的人,就未免有点不敬。讲自己闹过的笑话,开开自己的玩笑,除去能够博人一笑之外,还会使人从心底觉得自己很容易接近,很亲近,让气氛轻松起来。

(2)惊险故事。特别是自己的或朋友的亲身经历的惊险故事,最能引起别人的注意。人们的生活常常不是一帆风顺的,每天大家照常吃饭,照常睡觉,可是忽然大祸临头了,或是被迫到一个很远的地方,路上可能遭遇到很多危险……怎样应付这些不平常的局面,怎样机智地或是幸运地在间不容发的时候死里逃生,都是一个人内心永远不会漠视的题材。

（3）健康与医药，也是人人都有兴趣的话题。谈谈新发明的药品，介绍著名的医生，对流行病的医疗护理，自己或亲友养病的经验，怎样可以延年益寿，怎样可以增加体重，怎样可以减肥……这一类的话题，不但能吸引人的注意，而且对人有很大的好处。特别遇到对方自己或家人健康有问题的时候，假如能向他提供有价值的意见，那他内心更是会非常感激的，事实上，接受了我们的帮助，自然也就会为我们提供帮助，帮我们办成事。

（4）家庭问题。关于每个家庭里需要知道的各方面的知识，例如，儿童教育、购物经验、夫妇之间怎样相处、亲友之间的交际应酬、家庭布置……这一切，也会使多数人发生兴趣，特别对于家庭主妇们。

（5）运动与娱乐。夏天谈游泳，冬天谈溜冰，其他如足球、羽毛球、篮球、乒乓球，都能引起人们内心普遍的兴趣。娱乐方面像盆栽、集邮、钓鱼、听唱片、看戏，什么地方可以吃到著名的食品，怎样安排假期的活动……这些都是很多人饶有兴趣的话题。特别是有世界著名的音乐家、足球队前来表演的时候，或是有特别卖座的好戏、好影片上演的时候，这些更是热闹的闲谈资料。

（6）轰动一时的社会新闻也是热闹的闲谈资料。假使有一些特有的新闻或特殊的意见和看法，那足够可以从心里把对方吸引，同时，也会从心眼里对我们刮目相看，赢取他的内心好感，乐于为我们办事。

（7）政治和宗教。这两方面的问题，倘若遇到的人，大家在政治上的见解颇为接近，或是具有共同的宗教信仰，那这方面的话题，就变成最生动、最热烈、最引人入胜的了。

（8）笑话。当然，人人都喜欢笑话，假如构思了大量各式各样的笑话，而又富有说笑话经验的话，那恐怕把对方逗乐便不再是问题了，一笑就把所有的尴尬与不轻松都洗去了。

四、效忠的话别忘了说

从人们普遍的心理特性来讲，任何人内心都喜欢听别人奉承自己，希望别人打心眼里将自己看做个人物。正如美国一位名人所言：人类本质里最深远的驱动力就是希望具有重要性。因而在求人办事时说"忠"话，让对方心理获得满足感，就成为达到自己的目的、说服对方的关键。

魏国人江乙曾劝安陵君要对楚王表示忠心，以消除其戒心，安陵君当时说："我谨依先生之见。"

但是又过了三年，安陵君依然没对楚王提起这句话。江乙为此又去见安陵君："我对您说的那些话，至今您也不去说，既然您不用我的计谋，我就不敢再见您的面了。"

言罢便要告辞。安陵君急忙挽留，说："我怎敢忘却先生教诲，只是一时还没有合适的机会。"

又过了几个月，楚王到云楚打猎，一千多辆奔驰的马车接连不断，旌旗蔽日，野火如霞，声威壮观。

这时，一只狂怒的野牛顺着车轮的轨迹奔过来，楚王拉弓射箭，一箭正中牛头，把野牛射死。百官和护卫欢声雷动，齐声称赞。楚王抽出带牦牛尾的旗帜，用旗杆按住牛头，仰天大笑道："痛快啊！今天的游猎，寡人何等快活！待我万岁千秋以后，你们谁能和我共有今天的快乐呢？"

这时安陵君泪流满面地走上前来说:"我一进宫便与大王同席共座,出宫后更与大王共乘一车。如果大王万岁千秋之后,我希望随大王奔赴黄泉,变做芦草为大王阻挡蝼蚁,那便是我最大的荣幸。"

楚王闻听此言,深受感动,安陵君自此便得到楚王的宠信。

安陵君为了让楚王消除对自己的戒心,用充分的耐心等待时机来说忠话可谓是技高一筹,在关键时刻用忠心话并加以丰满的感情,难怪楚王心里不得不被其感动,进而讨得楚王内心的欢欣和信任。

我们在现实的求人办事过程中,特别是面对身份地位比自己高的人时,说忠心的话会在他人心中感受到对方在我们心中的地位,让他们意识到我们心里对对方的绝对认可,也无形中就会增强他人对我们的内心信赖,让其觉得为我们办事是很值得的。

五、转移他人注意力

在我们的印象中,解决难题求人办事主要靠拼命苦干,靠煞费苦心的费劲央求。似乎"只要功夫深,铁杵磨成针",只有不断地投入精力,才能解决难题。

其实,有很多难题仅仅改变一下说话方式就能得以解决。同样的事情,如果把侧重点改变一下,可能会收到意想不到的效果。当常规的说话途径起不到作用时,不妨换种说法来应对难题。

求人办事时,其实心理沟通至关重要,用不同的心理沟通方式,会有不同的效果。说话的内容固然重要,但是别人的内心感觉其实更重要。别人的内心感受是好还是坏,他听完之后反应如何,全依赖我们说话的方式。高明的求人办事的表达技巧和说话方式，就是从他人能愉悦接受的心理角度出发，合理而又有效的转移他人的内心注意力，往往能更容易地办好事情。遇到难办的事时，如果能从对方的内心喜好来说话，对方可能从内心深处更愿意主动改变。

19世纪的维也纳，上层妇女喜欢戴一种筒高檐宽的帽子。她们进剧院看戏，仍然戴着帽子，挡住了后排人的视线。所以，后面的观众往往牢骚满腹，剧院的经理也觉得这一问题很难解决。剧院在广告牌上写出了大大的广告牌："在观看戏剧时，请摘下帽子。"很长的时间过去了，这条警示语无人理睬。

有一天，剧院经理在戏剧上映之前，站到台上说："女士们请注意，本剧院要求观众一般都要脱帽看戏，但是，年老一些的女士——请听清楚——年老一些的女士，可以不必脱帽。"令人惊讶的是，这场戏剧下来，全场的女性都自觉地把帽子脱了下来。

这位剧院经理并没有依照先前那样强行女士们摘下帽子，而是根据女性爱美、爱年轻的喜好，引导女士们从内心做出选择：自我心里承认自己年老，继续戴着帽子；认为自己年轻，那就取下帽子。女士们在接到这一信息后，谁也不愿意从内心承认自己年纪老，所以纷纷取下了帽子。

转移他人的注意力，其实就是换种方式说话，也就是换种思路思考，换种方式办事。把问题的重心转移到大家心里比较喜欢乐于接受的一面上来，难题也就很快迎刃而解了。同时，不断地变换沟通方式，也可以让对方内心产生新的感觉，为办事打开新的局面。

六、得寸又进尺也未尝不可

人们普遍都有这样的心理，就是大都不愿意接受较高较难的请求，因为这样的请求帮起来费时费力，还不一定能成功，谁心里也不愿给自己找麻烦。而对于比较容易完成的小要求，大多数人内心都不会排斥，既能帮助别人也不费多大力气，何乐而不为呢。就好比我们如果向朋友开口就借几万元钱，朋友很可能会委婉地回绝，但如果只是借几十块钱吃顿饭，朋友大都不会拒绝。

正如饭要一口一口吃，路要一步一步走，平时我们求人办事，也不妨先提一些微不足道的小要求，给他们心理先预预热，得寸后再进尺，也未尝不可。只要获得对方内心的应允，我们再逐渐提高门槛，提出较有分量的请求，如此循序渐进，因势利导，最终提出我们最想提的那个请求时，对方由于此前一直在点头应允，此刻也会因"惯性"的力量，很容易就答应我们的请求。有这样一个故事：

一个雨雪交加的日子里，一位饥寒交迫的穷人路过一位富人家门口，他对看门的仆人说："你让我进去坐一会儿好不好？我只要在你们温暖的火炉边把衣服烤干一点就行了。"仆人一想，这要求不算什么，主人也不会责备，于是就让他进屋了。

这位可怜人在火炉边坐了一会儿，对仆人说道："你可不可以再帮我一个忙，借我一口锅，我想煮一点石头汤喝。"

仆人非常纳闷，很想看看什么是石头汤，于是，他答应借锅。这位穷人捡了几块石头，洗干净后放进锅里，加上水开始煮。水沸腾的时候，穷人又求仆人："我想，你应该可以给我一点点盐，是吧?"仆人忍不住好奇心，就给锅里加了一点盐。穷人欢天喜地地舀起一口汤，尝了一口，然后叹口气说："要是有一点点碎菜叶，或者骨头什么的，那这汤一定会更美味。"仆人想起晚餐后还剩了一些没用的菜叶，还有一些剩骨头，于是干脆都给了穷人。这个穷人将洗干净的菜叶和骨头放进锅里，美美地熬了一锅骨头汤，津津有味地喝起来。

试想，这位穷人如果一开始就向仆人求一锅骨头汤喝，仆人非但不会答应，也很有可能会把他赶出去，别说烤火和骨头汤了，什么都不会有。这位穷人可谓把得寸又进尺的境界发挥得淋漓尽致。一开始绝口不提要吃的，只说想烤一烤火，接着再向仆人提出借锅、借盐、讨菜叶与骨头，一点点地提请求，一步步地达到了自己的目的。这就好比登门槛，迈上一阶，再登高一阶，从低到高，先让对方从心里认可并同意自己提出的小要求，然后"得寸进尺"，进一步提出更高的要求。

有一家公司在培训新的业务员时，总会给出一条非常奇怪的建议：见客户时，不要忘记向客户讨一杯水喝，据说这个建议源于一位销售经理。

很久以前这位经理刚开始从事销售工作时，每次拜访客户总是很紧张，一见面就口干舌燥，根本不知道该对客户讲些什么，有时候，碰上性情急躁又比较难相处的客户，更是手足无措、无所适从。

有几次，他实在很窘迫，嗓子紧张得发干，于是与客户一见面，就礼貌地询问可否讨一杯水喝。让他意外的是，这些客户听完他的要求，一点也不反感，反而一口就答应了，有的还亲自给他递水，有的还感慨说销售确实是辛苦的职业。等他喝完水，自己紧张的心情也平复了，跟客户也不陌生了，再交谈的时候，感觉轻松多了。

从此以后,他与客户初次打交道时,总会提一些简单而不过分的小要求,比如,讨一杯水,借用客户的电源插座以便运行自己带去做PPT展示的电脑,主动向客户请求要一份该公司的宣传刊物等。

就这样,他很少有被客户"扫地出门"的经历,而单子是越签越多,越签越大了。

这位销售经理深谙得寸又进尺的诀窍,他知道向客户讨一杯水,或者借用电源插座,或者索取对方公司的宣传刊物,这些要求根本微不足道,却又合情合理,绝大部分客户的心理反应都会是毫不犹豫地表示同意。这既是一种心理试探,也是一种心理战术,客户既然同意了第一个要求,也就很可能会接纳第二个、第三个要求,当客户的这种认同与接纳形成了"惯性"的时候,销售员再提出签单这一最高请求时,客户将很难逃脱"惯性"的力量,很可能就会同意成交,可谓是不费力气而有好的结果。

这也正如年假回家,好不容易买到了回去的车票却是一张站票,车厢里人很多也很嘈杂,久站的双腿实在很疼,你多么想找个地方坐下来,那么,这时就可以找准一个有座位的人,先问他能不能靠一靠他的座椅。这对他并没有多少影响,他自然会答应,并且会从心理上认为你这个人很有修养,很懂礼貌。接下来,可以在他接水或者上厕所或者起身活动的时候,试着问他能不能先坐一坐他的位置,他自然也会同意。等你们相互之间比较熟了,他很可能就会在自己坐累的同时,每隔一会儿让你在他的座位上休息。

这就是得寸又进尺的妙处所在,在我们的求人办事过程中,不妨采用这个办法,先提出一些让对方心理能认可并能答应的小要求,继而提出第二个、第三个他能接受的要求,那么接下来我们重点要达到的第四个要求也会顺理成章地被对方给接受。

七、寻找感情上的突破口

求人办事，并不是总在熟人间进行，有时甚至要闯入陌生人的领地。当进入一个陌生的家庭、环境里时，要迅速打开局面，首先要寻找理想的"突破口"。有了"突破口"，便可以以点带面或由此及彼地发挥开来，从而实现让对方在内心的感情上接受你的效果。老人、小孩从心理接近难易程度上来说是属于比较容易接近的，也喜欢你接近，融洽全家气氛，这样就能达到水到渠成的"套近乎"的目的，让自己成功办成事。

人常说：要讨母亲的欢心，莫过于赞扬她的孩子。会说话的高手都善于利用孩子在求人办事过程中充当心理沟通的媒介，一桩看似希望渺茫的事，经过孩子的起承转合，反倒迎刃而解。

纽约某大银行的乔·理特奉上司指示，秘密进入某家公司进行信用调查。正巧理特认识另一家大企业公司的董事长，这位董事长很清楚该公司的行政情形，理特便亲自登门拜访。当他进入董事长室，才坐定不久，女秘书便从门口探头对董事长说："很抱歉，今天我没有邮票拿给您。"

"我那12岁的儿子正在收集邮票，所以……"董事长不好意思地向理特解释。

接着理特便开门见山地说明来意。可是董事长却含糊其辞，一直不愿作正面回答。理特见此情景，只好离去，没得到一点儿收获。

不久，理特突然想起那位女秘书向董事长说的话，邮票和12岁的儿子。同时，也联想到他服务的银行，每天都有许多来自世界各地的信件，有许多各国的邮票。于是，他的心中有了新的想法。

第二天下午，理特又去找那位董事长。基于上次的经历，基于这位董事长对自己儿子的极度疼爱。这次理特并没有直接谈事情。而是真诚的告诉这位董事长他是专程替他儿子送邮票来的。就是这一句话缩短了彼此之间的距离与生疏感，这位董事长热忱地欢迎了他。理特把邮票交给他，他面露微笑，双手接过邮票，就像得到稀世珍宝似的自言自语："我儿子一定高兴得不得了。啊！多有价值！"

董事长和理特谈了40分钟有关集邮的事情，又让理特看他儿子照片。理特耐心而又热情地和这位董事长交谈着关于其儿子的话题，一会儿，没等理特开口，他就自动地说出了理特要知道的内幕消息，足足说了一个钟头。他不但把所知道的消息都告诉了理特，又召回部下询问，还打电话请教朋友。理特掌握到这位董事长极度疼爱儿子的心理，并有效利用这个信息顺着方向来说。谈的虽是看似不关乎自己要办的事情的话题，但因其直击对方的软肋与要害，取得实质性的突破与进展。

求人办事就是要善于去找突破口，直接提出要求未免太生硬，冷不丁让他人内心觉得目的过于直接而无法接受。而如若找到对方的心理软肋，找到对方容易放下防备的心理突破口，就为自己求人办事成功做好了铺垫。

每个人身上都会有自己的心理弱点或者说是喜好，那这就是最好的突破口。找到了心理突破口，会让对方感受到我们内心的诚意，建立彼此之间的共同话题，能更好的缓和气氛，让对方在比较轻松而又愉快的氛围中达成我们的要求。

八、话不在多全在点上

求人办事尤其是场面上当对方对我们还有一定心理距离感的时候，要想让他人心甘情愿地替我们办事，一味靠夸夸其谈不一定能解决问题，重要的是摸清对方底细，对症下药，话不必多，一定要说到点子上，说到对方的心坎上。

说的过多，未免啰唆，让人产生怀疑，有费力为自己谋利之嫌，只有把话说到点子上，让他人从心里佩服我们的独到眼界，才会从心底对我们心存敬意，也才会心甘情愿为我们办事。

晚清红顶商人胡雪岩在办事说话时可以说深得其中真味。

自从胡雪岩的靠山王有龄上任"海运局"坐办后，抚台交托王有龄去上海买商米来代垫漕米，以期早日完成浙粮京运的任务。漕米运达的速度，与江南诸省地方官的前途关系甚大。至于买商米的银款，由胡雪岩出面，到他原来的钱庄去争取垫拨。在松江，胡雪岩听到他们的一位朋友说，松江漕帮已有十几万石米想脱价求现，于是他充舟登岸，进一步打听这一帮的情形，了解到松江漕帮中现管事的姓魏，人称"魏老五"。

胡雪岩知道这宗生意不容易做，但一旦做成，浙江粮米交运的任务随即就可以完成，可减免许多麻烦。所以他决定亲自上门谒见魏老爷子。

胡雪岩在他的两位朋友刘老板和王老板的带领下，来到了魏家。时值魏老爷子未在家，只其母在家，她请三人客厅候茶。只见到魏老爷子的母亲，刘、王二老板颇觉失望，然后胡雪岩细心观察，发现这位老妇人慈祥中透出一股英气，颇有女中豪杰的味道，便猜定她必定对魏当家的有着很深的影响力，心下暗想，要想说动姓魏的，就全都着落在说服这位老妇人身上了。

胡雪岩以后辈之礼谒见，魏老太太微微点头用谦逊中带着傲慢的语气请三人喝茶，一双锐利的眼光也直射胡雪岩。当三人品了一口茶之后，魏老太太开门见山地问道："不知三位远道而来，有何见教？"

胡雪岩很谦卑地说道："我知道魏当家的名气在上海这一带是响当当的，无人不晓，这次路过，有幸拜访。想请魏大哥和晚辈小饮几杯，以结交结交友情。"寒暄过后，在魏老太太的要求下，胡雪岩也不便再拐弯抹角了，便把这次的来意向魏老太太直说了。

听完胡雪岩的话后，魏老太太缓缓地闭上眼睛。胡雪岩感觉到整个空气似乎凝固了，时间过得很慢。良久，魏老太太又缓缓地睁开眼睛，紧紧地凝视着胡雪岩说道："胡老板，你知不知道，这样做是砸我们漕帮弟兄的饭碗吗？至于在裕丰买米的事，虽然我少于出门，但也略知一二，胡老板有钱买米，若裕丰不肯卖，道理可讲不通，这点江湖道义我还是要出来维持的。倘若只是垫一垫，于胡老板无益可得，对于做生意的，那可就不明所以然了。"

听了魏老太太的话，胡雪岩并没有灰心，相反却更加胸有成竹地大声说道："老前辈，我打开天窗说亮话。如今战事迫急，这浙米京运可就被朝廷盯得紧了，如若误期，朝廷追究下来不但我等难脱罪责，我想漕帮也难辞其咎吧！为漕帮弟兄想想，若误在河运，追究下来，全帮弟兄休戚相关，很有可能被扣上通匪的嫌疑，魏老前辈可对得起全帮弟兄？"

这句软中带硬的话正好击中魏太太的要害之处，使得魏老太太不得不仔细思量，终于答应了胡雪岩的要求。胡雪岩再三强调其中道理，

第九章 求人办事说话心理策略：说话有情有理，他人心甘情愿为你『效劳』

195

魏老太太听完之后，终于心中暗肯，于是吩咐手下人将儿子魏老五叫来。魏老太太说："胡先生虽是道外之人，却难得一片侠义心肠。老五，胡先生这个朋友一定要交，以后就称他'爷叔'吧。"老五很听话地改口叫道"爷叔"。

"爷叔"是漕帮中人对帮外的至交的敬称，漕帮向来言出必行，虽然胡雪岩极力谦辞，但魏老五喊出第一声"爷叔"，其余的人也就跟着齐呼"爷叔"。

当晚，魏家杀鸡宰鹅，华灯高掌。魏老太太、魏老五、胡雪岩、刘、王二位老板频频举杯，以祝友谊。

就这样，凭着胡雪岩的三寸不烂之舌，用软中带硬的话，击中老太太的心理软肋，使老太太顺利答应此事，并很快就与漕帮的龙头老大魏老五由初识而结成莫逆之交。以魏老五的威信，胡雪岩买米的事自然不成问题。

行业有行业的规矩，作为一个商人，自然要就货论价谈生意。但是当时中国的生意场是十分复杂的，有洋商、有买办，有亦官亦商有亦匪亦商，还有像魏老五这样的帮派之商。所以经商时既要讲商道，又要能进什么门说什么话讲什么规矩。胡雪岩与魏老五漕帮打交道，首先以漕帮尊崇的一个"义"字从心底深深打动了魏老五之母，又以其母之情去压魏老五，不管魏老五内心愿不愿意，漕帮的力量算是借定了。再加上胡雪岩发自肺腑地替对方着想的善后处理而不是以情压人达到目的就走，更使他赢得对方心中完全的信任，对于其说话技巧我们不能不由衷地佩服。

这也要求我们在平时的求人办事过程中，说话态度一定要不卑不亢，软中带硬，才能给自己在他人心中树立好形象，再加以自己独到的中肯的语言，才会让对方发自内心地觉得值得为我们办事，进而心甘情愿为我们办事。

第十章 交际心理策略：
摸透脉搏,就这样被你征服

人际交往中的各种问题,都与心理学有着非常密切的关系。要想成为社交达人,就要摸准他人脉搏,擅攻人心。

一、相信别人就是相信自己

每个人都是自己内心的理想家，都把自己看得很高尚，都喜欢给自己的行为动机赋予一种良好的解释。因此，与人相处时要改变一个人的意志与想法，就要学会适时用恰当的话语去激发他内心高尚的动机。

银行家培庞·摩根在他的一篇文章中说：人会做一件事，都有两种理由存在。一种是看起来很好，一种是的确很好。

而人们会时常想到那个真实的理由，我们都是自己内心的理想家，较喜欢有高尚的动机。所以，要改变一个人的意志与内心想法，需要用适当的语言激发他内心高尚的动机。

法瑞有一个很挑剔的房客，扬言要搬离他的公寓。但这房客的租约，尚有4个月才期满，每个月的租金是55元，可是他却坚持立即就要搬，不管租约那回事。这个房客已在法瑞这里住了一个冬季。如果搬走的话，在这个秋季前房子是不容易租出去的。眼看220元就要从口袋飞走了，法瑞实在是着急。要在以前，法瑞一定找那个房客，要他把租约重念一遍，并向他指出，如果现在搬走，那4个月的租金，仍须全部付清。

可是，这次法瑞只是向他这样说："先生，听说你准备搬家，可是我不相信那是真的。从多方面的经验来推断，我看出你是一位说话有信用的人，而且我可以跟自己打赌，你就是这样的一个人。"

房客静静地听着，没有作任何表示，接着法瑞提了个建议，让房客将他所决定的事，先暂时搁在一边，不妨再考虑一下。并给了他充裕的时间，如果到时候还是决定要搬的话，法瑞说他将会接受他的要求。

最后，法瑞一再强调他相信对方是个讲信用的人，会遵守自己的租约。

事情果然不出法瑞所料，到了下个月，这位先生自己来见他，按约付了房租。并说，这件事已经跟他太太商量过，他们都认为至少应该住到期满。

要想事情朝着自己期望的方面发展，就要从心里多往好的方面想别人，而且要把这种朝向积极方面发展的语言，告诉对方，让他切实知道并能真切在心里感受到。把别人说多好，他就会有多好。正如这位房东对他的房客话语中流露出的心理信任一样，让对方感受到了自己的美好。每个人的内心都渴望给比别人留下好的正面积极形象，而他人适当的话语肯定，就像糖果一样，会让他人心里很甜，同时，不愿意去破坏这种积极的形象。

已故的洛史克力夫爵士发现一份报刊上刊登出一张他不愿意刊登的照片，他就写了一封信给那家报社的编辑。他那封信上没有这样说："请勿再刊登我那张照片，因为我不喜欢。"他想激起对方内心高尚的动机，他知道每个人都尊敬自己的母亲，所以他在那封信上，换上另外一种口气说："由于家母不喜欢那张照片，所以贵报以后请勿刊登出来。"

当约翰·洛克菲勒要阻止摄影记者拍他子女的照片时，便想起一个人人都不愿伤害儿童的内心高尚动机。他对记者们这样说："诸位，我相信你们之中有很多都是孩子们的爸爸或妈妈，如果让孩子们成了新闻人物，那并不是适宜的。"

柯狄斯本来是梅恩州一个贫苦人家的孩子，后来成为《星期六晚报》和《妇女家庭杂志》的负责人，赚了几百万元。他创业之初，不能像别家的报纸、杂志一样，付出高价买稿子。他没有能力聘请国内第一流作家替他执笔撰稿，可是，他运用了来自人们内心的高尚动机。

例如，他会请《小妇人》的作家奥尔克特为他撰写稿子，并且当时是她声望最高的时候。柯狄斯所使用的方法很特殊，他签了一张100元的支票，他不是把支票给奥尔克特，而是以她的名义捐助给她最喜欢的一个慈善机构。

信别人就是信自己，这是推己及人的道理，发自内心地信任不值得信任的人，会改变这个人，使他值得信任；发自内心地信任值得信任的人，会使这个人更加值得信任。

用言语真诚地对他人表示内心的信任，把他说的有多好他就真的会有多好。每个人内心都渴望做一个天使，只不过有时候人们无法让自己相信自己，来自他人内心的适当的言语信任会给对方心里增强信任与被认同的感觉，事情便会朝着这个积极的方向去发展。

二、放下你的"架子"再说话

常有一些人，在与他人交往时言语间总喜欢摆出一种高高在上、令人难以接近的姿态，与他人保持着相当的情感上的距离，也就是所谓的"架子"。"架子"这东西，最好不要放在心里，更不要把它当成脸谱，尤其是在与人建立友好关系时，它最容易使人内心产生反感情绪并体现在言语交谈中，阻碍与他人之间的成功交往。

对于一些人来说，可能并不是想摆出架子，只是一种心理的惯性使然。如果这种心理惯性已经深入到他人的言语交谈中并影响到与他人之间的关系，那就必须毫不犹豫地把它当成枷锁一样砸烂。

一个调查表明，不愿被接近的人中，有三分之一的人"架子大"；百分之七十的人认为，双方关系不融洽的主要责任在对方，这很能说明一些问题。刚进入新的人际场的人，较为容易引起别人注意，大家会在暗中观察、分析他。例如，他的能力如何，他的思想修养怎样，他的言谈举止是否恰当，他怎样处理与他人的关系。

对自己缺乏自信的人，会因此而形成一种心理上的压力，认为别人不尊重自己，于是，当他不知如何调整自己心理距离时，往往就在行为上来一个反抗——表面化的威严，这在别人看来就是架子。

另一方面是过多考虑了自己如何如何，忽略了与大家感情上的沟通与心理诉求，都会使人认为摆架子。给人的印象以及在人情绪上造成的影响都是很不好的。每个人都是平等的，谁都不喜欢有架子的人，对于说话爱摆架子的人，人们只会选择远离。千万不能忽视这看起来不甚重要的行为，放下架子，不仅能赢得关系的顺畅，更重要的是能透过言语间流露出的彼此内心思想感情上的相通和互相信任与尊重。

王某仗着自己有点能力的资本，就觉得他人都不行，平时说话有时候就比较喜欢摆摆架子，耍耍官腔，所以闹得朋友间意见很大。尽管他有时候特意与人套近乎，也经常参加社交活动，但好像就是不受大家欢迎，平时没事儿大家好像都不太搭理他，有什么事儿也不叫他。他一直不知道原因在哪儿，自己苦恼不堪。

一位了解情况的朋友告诉他，朋友间是平等的，摆那么多架子干嘛，大家在一起就乐呵呵的融入一起多好。后来，他仔细想了想，觉得朋友说的非常有道理，就试着放下自己的架子，放低姿态，慢慢地就融入大家，朋友也慢慢多起来了。

与人交往中，给他人尊严是相当重要的，每个人都是一个独立而又自尊的个体，每个人的内心也都渴望平等。故意把自己抬高，而刻意压低别人，当然会引起他人的内心反感。

端着架子说话，非但没有把自己给提高，同时，也给自己竖了一道无形的围墙，徒增与他人之间的内心隔膜。只有放下自己的架子说话，才能使我们内心更易被他人理解，被接受，让他人打心眼儿里乐于我们交流。

三、懂得尊重他人

世界是缤纷多彩的，事物是错综复杂的。人与人之间的思想见解也往往如此，它不可能统一在一个尺度上。那么针对相互间的差异需要的不是排斥或强求，而是来自心底真诚的包容与理解。

人与人之间言语交谈也是如此，对于一个事件，一个事物，每个人内心都有各自的看法，每个人有每个人的喜好，千万不要强迫他人和自己的意见一致，非要他人遵循我们的爱好。如若执意如此，势必会在他人内心形成强大的压力与强迫感，也会让他人内心极度不适，会使围绕在我们身边的朋友越来越少，甚至会因为某一个问题造成朋友彼此之间的决裂。

小李和小张是多年的老朋友了，两人有个共同的爱好，就是喜欢看书，都是书迷。

可最近她们却因为谈论所看的书而伤了感情。小李喜欢看武侠小说，而小张喜欢看散文。于是小张便对小李冷嘲热讽，把武侠小说批得体无完肤，认为那是登不得大雅之堂的东西，远没有散文所包含的文学养分，并劝小李转变读书的兴趣。但小李很不服气，两人争执不休，不欢而散。

现实生活中，不乏小张这样的人，我们经常听到这样的议论："我最看不惯某某了"，"看他穿得什么样，稀奇古怪的，真难受！"他们从自身立场去看待他人的一言一行。一旦他人的思想、语言、行为与自己格格不入，他们就认为不可理解，于是便引起非议，甚至让朋友完全地与自己的思想和行为吻合。这种不善于理解他人、过分挑剔人的人，是不可能拥有他人的友谊的。

别人穿什么，爱好什么，认为什么，那是别人的自由，彼此之间的立场不同，经历不同，感受不同，所以不能一概而论，强行让对方接受自己的一切，按自己的标准来走，肯定会引起他人心中的反感与不适，时间久了自然没有人会愿意和我们交朋友。而应当采取兼容的态度，不趋同，你有你的想法，我有我的观点，我们每个人都应当有属于各自的独立空间，不应相互干涉，这样才会让对方在心中获得自我与尊重感，才会从心底真正感受到来自我们的人格魅力，更乐意与我们交朋友。

同时，即便彼此之间出现大的分歧，也不应当在语言上无礼的要求别人必须认同我们，这时可以说声："每个人都有自己的看法，我的未必错，你的也未必对，对于×××只是我自己的观点。"

就像色彩，有人崇尚鲜艳，喜欢大红；有人却以素色为美。我们交友，不能要求别人在各个方面都完全符合自己的意愿，我们只要取其志同道合、情投意合的一两点即可，切不可因观点不合而言语伤人。

四、有效地拉近彼此距离

每个人对新生事物和人都有一种好奇心理，但同时也会有更多的排斥感。在人们的内心深处，每个人都喜欢和"自己人"办事，也喜欢听"自己人"的劝告。因为"自己人"不是外人，是同一立场的朋友、荣辱与共的亲信，也是最值得信赖的人。与自己人说话，既轻松又亲切。

这就要求我们在平时的言语交谈中，说话时采取在内心把他人就当做是自己人，并用"自己人"的语气说话，能有效也最容易拉近彼此的心理距离。用自己人的口气说话，既显得亲切，又能赢得他人的心理信任，他人从心理上也比较容易接受，备感自己的重要。

赫蒙是美国有名的矿冶工程师，毕业于美国的耶鲁大学，又在德国的佛莱堡大学拿到了硕士学位。但当他带齐了所有的文凭去找美国西部的大矿主赫斯特的时候，却遇到了麻烦。

赫斯特是个脾气古怪又很固执的人。他自己没有文凭，所以也就不太相信有文凭的人，更不喜欢那些文质彬彬又专爱讲理论的工程师。

赫蒙去应聘并递上文凭时，满以为对方会乐不可支地接受他，没想到赫斯特很不礼貌地对赫蒙说："你还是另谋高就吧！我不想用你这样的人才！"

赫蒙很不解地问："您可以告诉我为什么吗？"

赫斯特答道,"因为你是德国佛莱堡大学的硕士,你的脑子里装满了一大堆没有用的理论,我可不需要什么文绉绉的工程师"。

聪明的赫蒙听了后不但没有生气,反而故作神秘,悄悄地对他说:"假如你答应不告诉我父亲的话,我会告诉你一个秘密。"

赫斯特点了点头,赫蒙就对他小声说:"其实我在佛莱堡并没有学到什么,那三年就好像是稀里糊涂地混过来一样。"

赫斯特听了不禁扑哧一笑说,"好了,明天你就来上班吧"。

最初的交谈中赫斯特和赫蒙之间有着实力派和学院派的矛盾,但赫蒙并没有强硬的用更生硬的大道理去说服赫斯特,而是放下姿态,把赫斯特当成"自己人",说了些比较亲密的话语,瞬间拉近了他和赫斯特的心理距离,增进了双方的心理默契,挽回了局面,获得了赫斯特的心理认同与好感。

用"自己人"口气说话的好处就是能有效缩短彼此之间的心理距离,能让上下级关系变得亲密,让好朋友更加无间,甚至让原本不熟悉的人也产生心理默契,这也正是用自己人的口气说话的伟大力量。

但同时用"自己人"的口气说话时也应当注意,无论自己的地位与对方多么悬殊,都要保持一颗平等的心,这样才能真正的从对方的心理角度出发,对方也才会将当成自己人,我们所说的意见也才能比较容易被对方内心接受。另外在措辞上应当摒弃"你"、"你们"等词,而应当用"咱们"、"我们"等词语,让他人内心备感亲切,自然的拉近距离。

五、用关心和热忱去迎接别人

维也纳一位著名心理学家曾说过:"对别人不感兴趣的人他一生中的困难最多,对别人的伤害也最大。所有人类的失败,几乎都出自这种人。"

要令人感觉到自己有趣,就要首先发自内心地对别人感兴趣,提出别人关心的问题,赢得对方的内心需求,这样便能够很快地缩短双方的心理距离。

查尔斯·伊里特博士从美国南北战争结束后一直到第一次世界大战的前五年,担任哈佛大学校长。有一天,一名大学一年级的学生克兰顿到校长室去借50美元的学生贷款,这笔贷款获准了。接着当克兰顿感激万分地致谢一番,正要离去的时候,伊里特校长说,"请再坐会儿。"然后他对克兰顿惊奇地说:"听说你在自己的房间里亲手做饭吃。我并不认为这坏到哪里去,如果你所吃的食物是适当的,而且分量足够的话。我在念大学的时候,也这样做过。你做过肉狮子头没有?如果牛肉煮得够烂的话,就是一道很好的菜,因为一点也不会浪费。当年我就是这么煮的。"

接着,他告诉克兰顿如何选择牛肉,如何用文火去煮,然后如何切碎,用锅子压成一团,放冷再吃。

这样的校长,有谁会不喜欢呢。卡耐基说:"一个人只要对别人真心感兴趣，在两个月之内，他所得到的朋友，就比一个要求别人对他感兴趣的人，在两年之内所交的朋友还要多。"

如果想要成为社交达人，在言语交谈中就要学会以关心和热忱去迎接别人，获得别人的心理认同与信任感。

许多人往往都错误地单方面想办法使别人对他们感兴趣，其实这才是真正的一厢情愿。

如果我们只是想在别人面前表现自己，仅仅使别人对我们感兴趣的话，我们将永远不会真正的博得他人内心的好感与喜欢。

一位著名的老罗马诗人西拉斯就曾经说过："我们对别人感兴趣，是在别人对我们感兴趣的时候。"

要表示我们的关切，而且必须是诚挚的。这会让他人真正在内心备感温暖与舒心，同时也会放松对我们的心理戒备，缩短彼此之间的距离，在心里把我们当做值得信赖的人。这不仅使得接收这种关切的人获得了关心与温暖，同时也给付出关切的我们扫除了与他人之间的心理交往障碍。

人性丛林中，每个人的性格与爱好都有所不同。不管他人有着怎样的心理防备或者性格，只要我们用真心与关心编织的话语，就一定能够打动对方的心。同时，只要我们是发自内心的真诚与关怀的话，对方也是一定能够从心底感受到的。

六、做人要真诚讲信誉

人与人之间的交往真诚很重要,唯有真诚方能打动人心。言语交谈中,切不可为了显示自己的能力,顾及自己的面子,而答应自己做不到的事情。自己的面子问题是得到照顾了,自己的虚荣心也得到了满足,但一旦无法完成他人交代的事情,后果是很严重的。一旦答应别人的事情就要想办法做到,办不到的就应果断的拒绝,切忌信口开河,回旋转折。

否则,只会在他人面前甚至在他人内心失去信誉,失去他人对自己的内心信赖。人与人之间连最基本的心理信赖都谈不上,也就谈不上更深层次的交往。同时,对他人失信,甚至会让他人内心产生对我们个人道德品质的怀疑,对我们的个人形象可谓是打了个大大的折扣。

1797年3月,拿破仑偕同他新婚妻子参观卢森堡的一所小学,受到师生的热情款待。拿破仑夫妇很受感动,当场向校长送了一束价值三千金路易的玫瑰花,并说:"只要我们的法兰西国家存在一天,每年的今天我将派人送给贵校一束价值相等的玫瑰花。"后来,由于许多原因,这位伟人没有实现自己的诺言。1984年,卢森堡政府重提此事,向法国提出"玫瑰花悬案"的索赔,连本带利高达137万余法郎。法国政府不忍为一句话而付出如此高昂的代价,但考虑到拿破仑的声誉,只得写了一张措辞委婉的道歉书,这"一诺千金"的"玫瑰花悬案"才算了结。

这同样适用于人际交往,中国人历来把"言而有信"当做人的美德,看人的尺度,交友的准则。一个讲信用的人,能够做到前后一致,言行一致。人们便可以根据他的言论从内心对其行动进行判断,进行正常的交往。朋友间说话一定要守信用,别人才会从心底信赖你、尊重你。

生活中有这样一种人,对人表现得非常热情,而且经常在朋友面前夸耀自己如何有能耐。当委托他办事时,他满口应承,似乎唾手可得。但事过之后,便如"泥牛入海"。这样的人,势必会在他人心中留下不可依赖的坏印象,失信于朋友,便会失去朋友,切不可仿效。

朋友之间交往,必须给人心理信任感,这是不言而喻的。只有真诚讲信誉,才能奠定与他人交往的第一步,夯实与他人交往的基石,在他人内心树立真诚正直可靠的形象。

七、少点虚空多点实在

假若到朋友家里去作客,朋友对我们异常客气,每说一句话,他只有"唯唯"而答,每和我们说话时,总是满口客套,唯恐我们不欢,唯恐开罪于我们。如此一来,我们一定会从心里觉得如针芒刺背,坐立不安。

这情形大概很多人都经历过,虽然客气是必要的,但有时这过度的客气显然是会给人内心造成痛苦与困扰。开始会面时的几句客气话倒不成问题,若继续说个不停就太不妥当了。

谈话的目的在于沟通双方的情感，增加双方的内心兴趣。而过多的客气话，太多的虚空话则恰恰是横阻在双方内心中间的墙，如果不把这堵墙搬走，人们只能隔着墙，做极简单的敷衍酬答而已。

朋友初次会面，略讲客套后，第二次第三次的见面就应竭力少用那些"阁下"、"府上"等名词，如果一直用下去，则势必无法让彼此的心理距离靠近，而真挚的友谊必无法建立。

客气话是用来表示恭敬或感激的，不是用来敷衍朋友的。一定要适可而止，多用就流于迂腐，流于浮华，流于虚伪。当有人替我们做了一些小事情时，譬如说：倒一杯茶吧。你说"谢谢"，也就够了。要是在特殊的情形下，那么最多说："对不起，这事情要麻烦你。"但是若要坚持说"呵，谢谢你，真对不起，我不该拿这些小事情麻烦你，真使我觉得难过，实在太感激了……"等一大串，让听者会觉得很啰嗦以至于过分的客气，有拒人于千里之外的感觉，让人内心觉得很不舒服。

同时在必要说些客气话的时候一定要充满真诚。像背熟了的成语似的流水般泻出来的客气话，最易使人生厌。说时态度更要温雅，不可现出急促紧张的心理状态。同时还要保持身体的均衡，用过度的打躬作揖、摇头摆身作态来帮助说客气话的表情，并不是一个"雅观"的动作。

那就把平时对朋友说的太多的虚空话略改为坦率一点，我们一定可以享受到友谊之乐。在一个朋友家中，过分的客气话，这是窘迫主人的最好的利器，而当我们是主人的时候，那又是最好的最高明的逐客方法。这方法的奏效，更胜于把他人大骂一顿，如果怕朋友们到家里干扰我们，拼命跟他说客气话就好了，临走勿忘请他有空再来，我们知道他决不会再来的。

朋友间太多的客气话虚空话使人内心不愉快，不妨来点实在的，具体的，缩短与他人的心理距离，增进感情。但也并不是说客气话不必说，有些时候客气话还是需要适当的来讲的，而当朋友间真正要说客气话时应该注意这些方面：

第一，说客气话一定要内心真诚，不能过于刻板。缺乏真诚的刻板的客气话，必不能引起听者的内心好感。"久仰大名，如雷贯耳。""贵号生意一定发达兴隆。""小弟才疏学浅，一切请阁下多多指教。"……这些缺乏感情的，完全是公式化的恭维语，会在他人心里留下过于虚空不实在的感觉。

第二，要言之有物，这是说一切话所必具的条件。与其泛说"久仰大名，如雷贯耳"，毋宁说"您上次主持的冬季救灾义演晚会成绩之佳，真是出人意料"等话，直接提及他的著名工作。至于恭维别人生意兴隆，不如赞美他推销产品的能力，或赞美他的经营手腕。请人"指教一切"是不行的，应该择其所长，集中某点请他指教，如此他一定会心里高兴得多。

八、不要过度自我夸耀

言语交谈中爱自我夸耀的人是不会有一个良好的交际关系的，自视甚高，睥睨一切，不理会别人的意见，只顾自己吹牛的人，没有人内心会真正喜欢。对于内心只想找那些奉承和听从他的人，人们对这种人总是敬而远之、唯恐避之不及。凡是有修养的人，也必定不会随便说及自己，更不会夸耀自己，个人的事业行为在旁人看来是清清楚楚的，没必要自己去说。

言语交谈是帮助我们待人处事的一种方法，说话的本身并不是我们的目的，能够取得良好的说话效果，让他人内心乐于接受，对我们产生青睐与心理好感才是最终要达到的目的。想必没有人愿意做一个口才很好而到处不受人欢迎的人，那就不要为了表现说话口才而到处逞能，惹人心里憎恨，口才好但要正确而灵活地表现，而不是用于宣扬自己而自吹自擂。

每个人都是一个积极主动的个人，每个人身上都有他人无法比拟的地方，每个人也都期望得到他人的心理认可与赞同，自我价值的实现。而对自己过度的夸耀，自吹自擂，实际上就是对他人价值的一定程度的不屑与不认同，势必会招人心理反感。也许自以为自己伟大，但别人内心不一定会同意这种看法。就算需要自己捧自己时，也决不能捧得太高，好夸大自己事业的重要性，间接为自己吹嘘，纵使平日备受崇敬，听了这话别人也会从心底觉得没品位。

同时，朋友间的言语交谈，也千万不要故意地与他人为难。可能有些人就是专门喜欢表示自己和别人的意见不同，以彰显自己的特立独行。如果别人说这是黑的，他就硬说这是白的，但是，如果他人说这是白的时，他就反过来说它是黑的，这种处处故意表示自己与别人看法不同的人，最惹人讨厌，被人从心底里看不起，甚至被人们心里憎恶。

在与朋友的言语交谈中，千万不能处处反着来，惹人心里反感，破坏气氛。与他人对着来，肯定会让他人面子上很不受用，得罪的不只是直接和我们对话的人，同时，周围的人也会觉得你很扫兴，制造不和谐的气氛，久而久之，没有人会再乐于和我们接触与交往。

听了对方说话，即便发现其中有一点与自己的意见不同，也不能立刻就提出异议。立刻就提出异议，实际就是对对方意见的一种否定，让别人心里觉得很没有面子，心里会很不受用，甚至窝火。在这种场合即便我们想要表达不同意见时，也一定要记得预先说明哪一点，或者哪几方面，自己是完全同意了，然后指出自己与对方意见不同的那一方面。

这样，也利于对方内心容易地接受批评或修正，也可以说是自己内心在一定程度上肯定了对方，对方的观点还是有可取之处的。要让他人心里明白双方对于主要的部分其意见是完全一致的，即使有不同意的地方那也是对方的次要方面的意见。

不要抹杀朋友的一切意见，如果别人的优点一点也不承认的话，谈话就可能不融洽，也就不再会有谈下去的可能。无论自己的意见和对方距离有多远，冲突得多么厉害，我们要表现出一切可以商量的胸怀，并且相信，无论怎样艰难，大家都可以得到比较接近的看法，使双方不致造成僵局。

和朋友间的言语交谈话题很广泛，但是，在浩渺无边到处都可以航行的谈话题材的大海洋里面，也有一些小小的礁石，要留心地避开它，对于所不知道的事情，不要冒充内行。知道多少，就说多少，没有人会要求我们做一本百科全书，即使是一个最有学问的人，也不可能无所不知。所以，坦白承认自己对于某些事情的无知，这绝不是一种耻辱，相反地，这是使别人对我们的谈话，从心底认为有值得参考的价值，没有吹嘘，没有浮夸，没有虚伪。

九、人情话要多说

不会说话的人，很多时候都存在这样的情况：平时说话过于随便，不分场合地口若悬河说个不停，可到该说的时候反而又惜字如金。正如朋友间交往，在一起时间长了，彼此之间常会互相帮忙，完事之后，一句人情话适时递上："张哥，昨天那事你受累啦，咱哥俩儿这关系感谢的话我就不多说了。""大李，孩子这么大了，你还给他买玩具干吗？他喜欢得不得了，可以后你这当叔叔的也别太惯着他，哪天来我家尝尝你嫂子包的荠菜馅饺子。"这时候就会让对方从内心真正感觉到自己的好意被领受了，心里自然受用。

其实，朋友也好、亲戚也好，帮个忙、送点礼是常有的事，人们做这些事的时候跟求人办事不同，并不是心里想从你这里得到些什么好处，甚至于因为关系好会很乐意帮忙，他所要求的也并不是等额的回报。这时候，如果你总认为这是理所当然，没有一句表示的话，他人也不会知道自己的好意是否真正被你的内心所接受。再要好的关系，既然受了来自别人内心的真诚善意帮助，就要做出及时、明确的表示，当然，也不需要什么太多的东西，一句恰到好处的人情话也就足够了。

小陈大学毕业后在北京当公务员，妻子是北京人，结婚的时候他们曾到妻子的叔叔家做客，叔叔婶婶对这个一表人才的侄女婿很是欣赏。叔叔是一家国企的老总，两人坐到一起很能谈得来，一来二去，夫妻俩去岳父岳母家去得少，反倒去叔叔家去得勤。

可是最近小陈发现叔叔婶婶的态度有了很大变化，对他们越来越冷淡，有时候他们说要去看二老都会遭到拒绝，二人百思不得其解。后来还是岳母替他们解开了这个谜结，叔叔家经济条件较好，有别人送的好烟好酒以及单位里发的一些东西常让他们带回家。前段时间小陈曾提到想调到一个更有前途的部门，也是叔叔通过关系帮他办成了。但是，就妻子这一边来说，可能觉得是自己的叔叔这么亲的关系，就小陈这边来说，可能觉得这些对他们不过是举手之劳，因此，事前事后始终没说什么人情话。婶婶有意无意地跟岳母提起，叔叔为此很是生气，说他们是白眼狼，不值得别人帮忙。二人一听连忙上府谢罪，才算挽回一点情份。

小陈夫妻就是犯了不重视人情话的错误，想当然地认为自己心里的感激对方一定知道。所谓话不说不明，即使他人知道，天长日久，帮完了忙总也听不到一句人情话，心里也会疙疙瘩瘩的。

鉴于此，我们在日常的与人交往过程中就要刻意培养自己多说人情话的好习惯。

第一，使用日常生活中的见面语、感情语、致歉语、告别语、招呼语。别不在乎这些最简单的话语，越是最普通最简单的话语，越能迅速拉近与人之间的心理距离，获得他人内心的好感，打动对方。早晨见面互问："早晨好"，平时见面互问："您好"。初次见面认识，主方可用"您好"、"很高兴和你认识"，被介绍的一方可用"请多帮助"、"请多指教"。分别时说"再见"、"请再来"、"欢迎您下次再来"。特定情况的告别可用"祝您晚安"、"祝您健康"、"祝您一路顺风"。有求于人说声"请"、"麻烦您"、"劳驾"、"请问"、"请帮助"。对方向您道谢或道歉时要说"别客气"、"不用谢"、"没什么"、"请不要放在心上。"

第二，养成对人用敬语、对己用谦语的习惯。这会给对方内心以尊重和礼貌的感觉，让他人从内心深处觉得我们可以进一步交往，为自己的人际交往首先打开窗户。一般称呼对方用"您"、"同志"，对长者用"大爷"、"大妈"、"先生"，不要用"喂"、"老太婆"、"老头"等。对少年儿童用"小朋友"、"小同学"，不要用"小家伙"、"小东西"等。称呼别人的量词用"位——各位、诸位"，不要用"个"。对自己或自己一方的人可以用"个"。

第三，多用商量语气和祈求语气，少用命令语气的语词句或无主句。用商量的语言能让他人心里获得被尊重感与被重视感，很容易与我们达成内心的共识，获得认同感。即便一些问题他人可能会不太乐意，但若我们用询问商量的语气，对方反而会在我们重视他的意见的基础上答应，因此，在人际交往中谈吐一定要客气，切勿生硬冷淡与强势。如"您请坐"、"希望您一定来"、"请打开窗户好吗"、"请××同学回答"、"请让开一些"。这样语词和气、文雅、谦逊，让人内心乐于接受。

人与人之间的人情话，就像是温暖的太阳，能融化冰雪，迅速拉近与他人之间的心理距离，消除与他人之间的内心隔阂，让对方内心乐于接受我们，乐于与我们交往。但人际交往中，说人情话也要遵循一定的原则，要根据时间、地点、对方的身份（年龄、性别、职业等）以及和自己的关系，恰当地选择人情话和礼貌用语。

十、勇于承担错误

生活或者工作中,受到他人指责很正常,很多人的本能的反应是立即还嘴反击,结果常常是由小吵演变成大闹,最后落个两不相让,两败俱伤。

其实细细想来,指责别人有时只是一种个人情绪的发泄,如果被指责者不去计较,而主动低头,你说我一个错我偏认两个错,反倒让他心里觉得不好意思。人同此心,心同此理,当指责落在我们自己头上时,不妨试试这一招。

小王是一位商业艺术家,做广告图时,最要紧是简明正确,有时不免发生些小错,而那位常常和他接洽业务的广告部主任专喜欢在小地方挑毛病,小王便时常不愉快地从他的办公室走出来,不是因为他的批评,而是他攻击的地方不当。

最近小王于百忙中替他赶完一幅画,他来电话叫小王去看他,到那儿果不出所料,他显得非常愤怒,已经准备好了要批评小王一顿。

这时小王却说:"先生,你所说的话不假,一定是我错了,而且是不可原谅的。我替你画画多年,应该知道如何才对,我觉得很惭愧。"

他立刻分辩说:"是的,你说得对,不过这并非大错,仅只——"

小王马上插嘴说:"不论错的大、小,都有很大的关系,会给别人看了不高兴。"

他打算插嘴说话，但小王却不容他继续说道："我实在应该小心，你给我的工资很多，你理应得到满意的东西，所以我很想把这幅画重新画一张。"

"不！不！"他坚决地说："我不打算麻烦你。"他夸奖小王所画的画，说只须稍加修改就可以了，而且这一点小错，亦不会使公司受损失，仅是一点小节不必太过虑了。

最后他邀小王一起吃点心，在告别之前开给小王一张报酬支票，并又委托小王画另一幅新的广告。

小王急于批评自己，使那位广告部主任内心的怒气全消。小王主动承认自己错了，以显示主任的正确，进而也就抬高了他的地位，他在高兴之余也就不会再苛责。

试想，如果小王换一种做法，尽力为自己辩解，想必只会激怒那位广告部主任，认为小王是在推卸责任，听不进去批评，心里会更加恼火。所以，只要无关大局的事情，以指责自己的话堵住对方的嘴，这样对方往往会主动伸出双手把我们低下的头抬起来。

第十一章 婚恋说话心理策略：
蜜语拴住人心，让爱变得简单

　　美好的婚姻与爱情需要"甜言蜜语"，爱就要说出来，但如何说出甜而不腻的感觉，这就需要花一番心思，看"芳心"说话。

一、恋爱要会"谈"更要会问

面对刚刚建立的恋爱关系,可能很多人都害怕并苦恼于不知道要和对方聊些什么,怎样既不让彼此尴尬,又能让话题继续下去,赢得对方的内心好感,这就需要懂点说话心理学,照顾到对方的心理,才能让言语交谈愉快而又顺利进行。

恋爱中的问话是一门艺术,更是一门学问,在开口说话之前一定要先揣摩对方的心思,掌握问话的艺术,才能在取悦对方内心的同时又得到想要的答案。恋爱中,双方往往都是非常敏感的,问题如果没有问好,话没有说圆满,很可能让对方心理产生某种猜疑,小则心存芥蒂,大则恋情告吹。

同时,生硬而又蹩脚不讨人心的发问不仅会使对方难堪、难答、尴尬甚至愤怒,认为是无理取闹,羞辱不尊重他人。

对于那些对方难以回答、不能作答或不便作答的问题,千万不要提。超过对方知识范围、学识水平的问题,会让人心里觉得是有意拷问,令人难堪;涉及隐私或痛处的问题,会让人内心觉得我们喜欢打探别人的小道消息,个人修养素质不好,尤其不要轻易打听对方的恋爱史,即使现在是关系亲密的恋人,也不能侵犯对方保留隐私的权利。如果实在想了解,那就先谈自己这方面的经历,对方听后,或许会主动向你讲起自己的恋爱史。不过,要先确定对方不是"醋坛子"之后才能采用,否则还没等套出对方的话来,恐怕对方已经醋海翻腾、愤然离去了。

还有，探询对方的积蓄、工资、财产、有名望的亲戚朋友的话也不能问，会被对方认为恋爱动机不纯，给人内心留下肤浅势利的印象。

另外，即便要问相关问题，也一定要找准时机，看准时机再说话，千万不要打断对方的话。这样不仅会影响对方的思路，还会让对方心里认为自己很没有涵养。也不要在对方谈兴正浓时发问，这样只会让人感到十分扫兴。如果想问问题，那就在对方一段话结束，新一段话开始前的空当提出问题。同时，发话前宜有所暗示，让对方有所心理准备，并给我们机会，暗示最好安排在对方谈话将尽的前几秒。谈话者即将结束谈话时，往往语速较慢，且音调也逐渐降低。这时提出问题，会让对方的大脑和心理都有一个缓冲和准备的余地，对话自然能够顺利进行。

基于对方的心理，选择适当的说话时机和内容，但也应当注意我们的方式。切忌查户口似的一问一答，让对方产生受审感和压抑感。当对有些问题发问，估计会产生不良反应时，要先打预防针——"我问个问题希望你别生气！"

同时，发问最好顺着对方的思路，就势反问，让对方内心感觉提问不是探究他（她）的某些秘密，而是对刚才的谈话没弄明白。这样提问自然得体，也避免对方对提问动机产生怀疑。注意避免那些对方只能答"是"或"否"的问题，要选择富于启发性的问题，至少应该要让对方可以就此谈论一番，觉得有话可说，话题可以继续。

"谈恋爱"，必须要能"谈"下去，而且是要能愉快顺利的谈下去，要是问题问错了，也就没法再"谈"了。把握提问的方式、内容和节奏是恋爱中双方交谈不容忽视的技巧。要从对方的心理接受喜好角度入手，让我们的提问方式能让对方欣然接受并且愉快作答，使得话题能够继续。

二、借斗嘴让爱情升升温

常常会看到恋人之间斗嘴，看似是在较劲，其实蜜意十足。恋爱中的人或者夫妻间的斗嘴不同于吵嘴，这种形式上的斗嘴往往不是为了解决什么实质性的问题或是做出什么至关重要的决定，而是通过语言外壳的相互碰撞激发彼此心灵的碰撞，从而达到心与心的相知、相通。

从形式上看，恋人之间斗嘴，你一言、我一句，相互挖苦奚落，毫不相让。不过斗嘴的时候，即便说出那些尖刻的语言，彼此也不会懊恼生气，因为彼此的态度都是欢快轻松的。相反，彼此间充满爱意的斗嘴因其充满刺激性和愉悦性而让彼此间有效的拉近心理距离。这种充满爱意的斗嘴可以称之为"软摩擦"。

这种"软摩擦"可以说是表现亲密与娇嗔的最好方式，即便对方脸上带着亲切而顽皮的笑说"你真无聊、无赖、无耻"，也成了彼此爱情生活里甜蜜的一部分。

正是由于斗嘴这种表面上尖锐犀利，实质上亲切柔和的特点，才使得它比直抒胸臆式的甜言蜜语更能展示恋人之间内心的真实情感和丰富个性的广阔空间，这也正是婚恋中的男女都非常喜欢这种语言方式的原因所在，像游戏一样轻松浪漫，又可以使彼此加深了解，增进彼此之间的内心感情，使爱情更加多姿多彩。

虽说爱人之间的斗嘴是一种很有趣的语言游戏，不等同于吵架，但是它并非没有规则，若把握不好度，触及了敏感话题，伤及了对方的自尊心的话，很可能使无心的斗嘴而升级为有心的吵架。所以，爱人间在斗嘴时也应照顾对方心理，把握以下原则：

（1）要留心对方的心境。斗嘴是唇枪舌剑的交锋，一个宽松的环境和充分的心理准备很重要，只有这样，才能享受它的快乐。在斗嘴的时候一定要特别注意对方当时的心境。心情愉快时，可以随便耍嘴皮、开玩笑。可你的恋人正在为家里有事缺钱而闷闷不乐的时候，你却来一句："怎么啦？像谁欠你几百元钱似的。"接下来准会受到这样的抱怨："人家都快心烦死了，你还有心逗乐，找了你这个穷光蛋真是倒霉透了。"斗嘴的味道也会变得苦涩。

（2）不要刺伤对方的自尊。爱人之间斗嘴，用戏谑的话语来揶揄对方是最常用的方式，夸张与丑化在所难免。但是即使是夸张与丑化，也应该要照顾到对方内心的自尊，最好不要涉及对方很在乎的生理缺陷或对方的父母长辈，也不要对他（她）自以为神圣的人和事进行挖苦，否则就有可能自讨没趣，弄得不欢而散，并很可能引发一场"爱"的战争。

（3）要把握好感情的深浅。浅交不可深言，尚处于相互试探、感情朦胧阶段的恋人之间，要想通过斗嘴的方式来加深了解，则可以选择一些不涉及双方感情的一般轻松话题，如争论一下是吃面食好还是吃米饭好，这样双方可以不受拘束，"安全系数"也大。

有人将恋爱中的斗嘴称为"耍花腔"，但花腔可不是人人都能耍得好的，它需要猜测对方的心理，需要讲求技术与艺术，只有拿捏得当，才能一步步将对方带进自己的世界当中，唱出一场引人入胜的好戏。

斗嘴也像熬粥，火候很重要，要慢慢地熬炖，味道才能尽显其中，火大或者过旺，很快就会糊底。斗嘴也是有讲究、有技巧的，在对的时间、对的地点用对的方式和对的人充满爱意的斗嘴能够使斗嘴发挥到非常积极的作用，只有用对了火候，才能够让爱情升温，让恋爱的双方更加深入彼此的内心。

三、"忌妒"，让爱情生辉

忌妒常被我们认为是一种不健康的心理状态，但是如果适度的使用忌妒，将忌妒用对了地方，就能起到积极正面的作用。适当的忌妒，能激发人的上进心，增强人的斗志。在爱情中，则表现为对情爱的珍视，同时也可以调剂感情。所以，在语言中借助适度的忌妒，能够使夫妻或情侣之间的内心情感在笑声中升华，增进彼此的感情，使爱情生辉。

小程是个脾气憨厚的北方汉子，酷爱体育运动。妻子小青则是典型的南方女子，出身书香门第，喜欢绘画。二人虽然性格迥异，但婚后的生活倒也美满。

有一次，展览馆举办书画展览，小青希望丈夫可以陪她一同去看看。对美术不感兴趣的小程虽然十分不情愿，但最终拗不过可爱的妻子，两人一同来到展览馆。

一踏进展厅，就见展厅中央一群男人围着一幅画正在品头论足。

小青就对丈夫说:"看看人家多有品位,现代社会不懂艺术的人会被耻笑的。"

小程听了很不服气,便对妻子说:"你先在这儿看,我也去那边看看。"于是他挤进了人群。

小青参观完了,发现中央那幅画前依然围着许多男人。好奇的她费了九牛二虎之力才挤了进去。原来这是一幅人体艺术画,画中一裸体美女,下身只有一片树叶遮盖,画得逼真极了。

她这才恍然大悟,终于明白了这里为何始终围着这么多男人。于是她想起了丈夫,果真发现丈夫正一手托腮目不转睛地盯着这幅画。小青悄悄凑过去,用手肘轻轻碰了一下正在聚精会神欣赏裸女画的丈夫,说道:"亲爱的,别看了,那片树叶秋天才能落下来呢!"

夫妻生活中,忌妒的现象非常普遍,尤其是妻子的忌妒,更是层出不穷。一个聪明的妻子在发现丈夫略有"越轨"行为时,不会把整个醋坛子打翻,当然也决不姑息丈夫的行为,她们往往通过幽默的内心表达,不伤害丈夫,但是却一定让他闻到酸味。

倘若妻子发现丈夫有"越轨"行为时,一下子就把整个醋坛打翻,时间久了,夫妻之间便会产生不可调和的矛盾。不过妻子一旦采用忌妒性语言,效果就不同了。这样的语言不仅产生了幽默,而且还提醒了丈夫,能产生良好的心理效应。

周末,丈夫陪着妻子小雪逛商场,小雪发现丈夫总不停瞟旁边的一位美丽的售货员,于是便贴着他的耳朵说道:"亲爱的,你去对她说句话吧!"

"为什么?"丈夫不解地问。

"不然别人会以为你对她想入非非了!"

聪明的雪巧用忌妒的语言对丈夫的行为进行了谴责，幽默而又含蓄。简单的一句忌妒的话，既顾及了丈夫的面子与自尊，同时也表达了自己的醋意，表达了自己对丈夫的在乎与不满，让丈夫既知趣而退，又能因自己的忌妒而充满甜蜜。

当夫妻之间发生不愉快的时候，双方都应当学会用机智幽默的忌妒性语言来化解，这样做，不仅可以有效缓解夫妻之间的内心矛盾，顾及彼此的自尊，而且能切中要害，又点到为止，使夫妻间的感情进一步加深。适度的忌妒让爱情更美满更幸福，丈夫也好，妻子也罢，懂得在婚姻中用巧妙的语言而不是偏激的行为来展示自己的忌妒，都不失为一种明智之举。

四、采用含蓄的示爱方式

面对心仪的对象，很多人都会有"爱你在心口难开"的境况。也许是因为自己的感情太真挚，太在意对方，所以怕说出口来被对方拒绝而痛心，一些人甚至会在心里认为被拒绝是一件很没有面子的事情。

于是，明明彼此心里相互有好感的人，就在那儿相互试探，猜来猜去。但有时候，由于男女间的感情很微妙，让人难以捉摸，很可能会错意，从而错失一段好姻缘。这时，不妨采用含蓄的示爱方式，一步步的去探寻我们想要的答案。即便对方不接受，也不至于伤害彼此之间的感情。当然，如若两情相悦，那这种含蓄奇特的示爱方式，会带给彼此最真诚最难忘最温馨的回忆，迅速占领爱的高地。马克思向燕妮表达爱情的方式可谓是经典之作。

马克思在向燕妮表达自己的爱情，提出求婚时说："我已经爱上了一个人，决定向她提出求婚……"

一直深爱着马克思的燕妮听了心里不由一怔，连忙问道："你很爱她吗？"

马克思热情地说："爱她！她是我遇见的姑娘中最好的一个，我将永远从心底爱她！"

燕妮信以为真，强忍住内心的痛楚，平静地说："祝你幸福。"

这时，马克思风趣地说："我身边还带着她的照片呢！你想看看吗？"

此刻，燕妮心里急了，她问："你能告诉我，你所选择的恋人是谁吗？"马克思把一只精巧的小盒子递给燕妮，并接着说："在里边，等我离开后，你打开它，便会知道。"

马克思走后，燕妮怀着忐忑不安的心情，小心翼翼地打开了小盒子，里面只有一面镜子，镜中照出了燕妮自己美丽的容貌，燕妮顿时恍然大悟。

表达爱情的方式多种多样，从中也可以反映一个人的性格、修养和情趣。如同写文章一样，马克思借助欲扬先抑的手法，含蓄而尽情地向燕妮表达了自己的浓浓爱意，成就了一段爱情佳话。无独有偶，俄国作家陀思妥耶夫斯基也是用出奇的方式和语言虏获了爱人的芳心的。

陀思妥耶夫斯基在妻子病逝后，为了还债为出版商赶写小说《慵徒》，于是请了一位速记员，叫安娜·格里戈里耶安娜。安娜工作认真、细心体贴，陀思妥耶夫斯基在完成书稿后，早已爱上了他的速记员，但不知道安娜是否愿意做他的妻子。

有一天，陀思妥耶夫斯基把安娜请到自己的工作室，对她说，他正在构思一部小说，结尾部分还没有安排好，一个年轻姑娘的心理活动他把握不住，想征求安娜的意见。

他所说的主人公的经历很像他自己："小说的主人公是个遭受不幸但渴望爱情的艺术家，并且已经不年轻了。他喜欢上一个善良体贴的年轻姑娘，但两个人性格、年龄悬殊，很难结合。那位年轻的姑娘会爱上艺术家吗？"

安娜激动地回答："怎么不可能！如果两个人情投意合，他为什么不能爱艺术家？难道只有相貌和财富才值得去爱吗？只要她真正爱他，她就是幸福的人，而且永远不会后悔。"

"你真的相信，她会爱他？而且爱一辈子？"作家有些激动，又有点犹豫不决，声音颤抖着，显得窘迫和痛苦。这时安娜才彻底明白了作家的用意。她也是爱他的，于是安娜坚定地告诉作家："请听我的回答，我爱你，并且会爱一辈子！"之后不久，他们就结为伉俪了。在安娜的帮助下，陀思妥耶夫斯基创作出了许多不朽之作。

陀思妥耶夫斯基向安娜求爱的高招，也被世人当做爱情佳话，久久流传。

确实，求爱者向对方示爱，既不好直接表白，又不好请中间人帮忙，因为自己根本没有把握对方内心会不会接受，而一旦拒绝，双方就会变得非常尴尬，甚至连起码的朋友也做不成。这时候，采用含蓄的示爱方式是最恰当不过了。

对于特殊的被爱方，所追求的对象是一个明星或者有众多的追求者，想要引起对方的注意，求爱的方式要以奇招制胜了。

情场如战场。以奇特而又含蓄委婉的方式和语言向对方示爱，便可以顺利占领爱情的高地。

五、莫让无话不谈变成无话再谈

热恋中的情侣由于彼此间的亲密无间，很多时候常常会无话不谈，什么都告诉对方，什么也都想了解。殊不知，恋爱语言中也有不可涉足的"雷区"。误入爱情的"雷区"，小则会引起彼此之间的误会或者争吵，大则可能会导致分手。即便你们是最最亲密的爱人，下面这些规则也要遵循：

1、伤害自尊的话莫要说

随着恋爱双方关系的逐步加深，彼此之间言语也会变得随便随性起来，有时候说话甚至会口无遮拦，无所顾忌起来。但不论怎么随便，都要把握好一个"度"，即言谈不得伤害对方的自尊。否则，即使对方知道是在开玩笑，心里也会感到不舒服。

对一个人来说，自尊是十分重要的。恋爱中的男女更要尊重对方的尊严，尤其是在有外人的情况下，更要尽力维护对方的尊严。

品评对方父母的话不要讲，谁都不喜欢听到别人当面批评或者指责自己的父母，即便是恋人也不例外。

男孩："你最崇拜谁？"

女孩："我最崇拜我爸爸，他是我心目中真正的男子汉。伟人、英雄固然伟大，但他们都离我们太远了，不是吗？"

男孩："这么说，你爸爸就是你心中的神？"

女孩："那当然。"

男孩："你心目中的神只不过是个小职员，有什么了不起？"

相信这个女孩必定会和男孩大吵大闹一番，然后与其分手。

2、不过多涉及对方前男友或者前女友

恋爱中的青年男女或多或少地存在着自己的"敏感地带"，即使是开玩笑也不要触及对方的"敏感地带"。

一般来说，敏感话题都带有一些隐私的性质，虽然是恋人关系，但双方都有各自的心理空间。比如，最好不要谈及恋人的前任男（女）友之类的话题，这会给对方造成一种不信任的感觉，甚至觉得你心胸狭窄，斤斤计较。

同时，过多涉及对方以往的恋爱史，不但会引起对方不愉快的回忆，也会让自己在心里不停地去比较，不平衡，势必会给两个人的爱情道路设置定时炸弹，说不定哪天两人闹矛盾，就会把这些旧事拿出来相互攻击，伤及感情。

3、不合时宜的话莫说

恋爱时交谈的内容应随着双方关系的发展循序渐进，而不能不合时宜，不切实际。如果在恋爱初期就谈到热恋阶段才能说的话，比如"以后生男孩还是生女孩"之类的话，对方就会处于尴尬境地。

不要总说些超越现阶段实际情况的话，也不要乱许诺、夸海口，这会使对方内心感觉你在骗他，从而对你失望，甚至心里反感。

4、不要动不动就说"分手"

恋爱中，有些人总爱时不时地开个玩笑来考验对方，看看对方"到底爱我有多深"。开个小小的玩笑倒也无妨，但过分的玩笑不仅会对对方造成心理伤害，还会葬送自己的爱情。比如，以假装分手来考验对方，这种玩笑就有点过了。这会让对方内心觉得，彼此相处实在太累了。动不动就拿分手作威胁，会给人内心不成熟意气用事的感觉，让人觉得不可靠，同时，也会让人产生你把感情当儿戏的感觉。分手说多了，不定哪天你就想吓吓对方，对方就当真分手了，后悔莫及。

恋爱中的人，最好不要随随便便说"分手"，就如同夫妻之间闹了别扭不能随便说"离婚"一样。这种玩笑会给对方的感情与心理带来极大的伤害。

六、制造一场完美的话别

美妙的约会可以蜕变成一段甜蜜的回忆，成就一段美好的姻缘，而约会时的话别更有着不可替代的作用，恋爱中，关于未来，关于两个人关系进展如何是谁都没有办法预料的。而约会后的话别在这里就像是一个关键的链接，链接的是两颗本来还可能犹疑徘徊的心，让每个人的心目当中都对美好的未来有莫名的期许。

而以后的交往与联系就是为了完成这份期许，恰到好处的有效的话则使这份期许由不确定变成了肯定。当对方从我们口中收到的是正面的希望进一步发展的心理信号时，他（她）的想法也会不自觉地朝着同一个方向前进，原来犹疑徘徊的心思也会随之变得坚定。如此一来，爱情自然很容易开花结果了。

如何让约会话别既充满恋人间的柔情蜜意，又能体现分离时的依依不舍呢？下面就有几种美好的告别形式：

（1）要把你的美好感受告诉他（她）。在告别时把自己在约会中的美好感受告诉对方，适当地赞美对方，会让对方回味无穷。

晚风习习，朦胧的月色下，话别在即，可以这样说："真是一个难忘的夜晚，真希望时间可以过慢一点。"相信对方今晚就算不失眠也会用多半夜的时间来回味这句话与约会中的每一个细节。谈话过程中夸奖对方，会容易被对方认为恭维。但话别时的赞美，却有非比寻常的作用。

（2）余音绕梁，乐于回味。在适当的时候，可以告诉她："还真不想就此回去。"这要比老生常谈地微笑地道一声"再见"要强几百倍。听了这样的话，相信任何一个人心中都会涌起感激与喜悦之情，甚至可能会更亲热地拥抱你一会儿。

也可以在告别之后，在对方已经走出几步远时，突然跑上去给对方一个亲吻或者拥抱，并柔声告诉他（她）："做个好梦。"对方可能会有点受宠若惊，想必他（她）会更加爱你。

（3）面对约会中刚刚发生的不快时，巧用无声的语言增加爱意。约会的过程中难免会有不快，但若没有合适的方式来进行补救的话很可能真正会落得个不欢而散，那么也就很难再有补救的可能。那么，当一场约会即将以不愉快的形式结束时，不妨借用一下无声的语言来化解方才的所有不快。一方不妨走过去，在对方的手上认真地画出三个字"对不起"，一切误会都能过去，这种无声的言语胜过千言万语。

爱情在每个人的心目中都是美好而浪漫的，约会则是这场浪漫盛宴中绚丽的华彩，能否让这份绚丽留在对方的心中，进而赢得芳心，就要靠约会后的话别来实现。约会后巧妙的话别，那种温情与体贴，会使恋人依依不舍、念念不忘、回味无穷。

约会离别时的印象能否在对方心中激起波澜足以左右整个约会的结果，成败与否很大程度上取决于最后一刻的表现。所以，要想让对方有激动难忘的约会心情，要想深得他（她）的心，就应当要学着制造一个完美的话别，这会起到你意想不到的效果，要想和你的他（她）有进一步的发展的话，那就赶快行动吧。

七、老夫老妻也要经常来点甜言蜜语

如果把爱情比成是夫妻感情的基石，充满爱意的甜言蜜语则是夫妻之间不可或缺的润滑剂，充满爱意的语言可谓是真爱之心与得体语言的最佳结合。

步入婚姻殿堂的夫妻，爱情一改之前的轰轰烈烈而逐渐趋于平淡温馨。这时，夫妻之间的爱情就会因生活中的柴米油盐而慢慢归向平淡的流年，夫妻之间的甜言蜜语虽然没有青年恋人之间的那样热烈，但却好比陈年佳酿，甘甜醇美，令人回味悠长。

虽说不再把"我爱你"之类的词语挂在嘴边，但也不能把这话束之高阁。某个有着特殊意义的时刻，一句动情的"我爱你"会勾起对方许多美好的回忆，在彼此的心中激起爱的涟漪。

有一对中年夫妻，两人平时工作都很忙，交谈机会不多。可是他们每晚下班回家或休息日的时候，总要对对方说一些甜蜜的话，或者给对方一个拥抱。一起看电视剧，当看到剧情中男女的恋爱情节时，便一起回忆他们相恋的美好时光，谈起那些甜蜜的经历。赶上对方的生日或纪念日还举行一些小活动，共度欢乐时光，以此加深彼此的感情。他们从来没有红过脸，也没有动过手，是小区乃至单位里有名的模范夫妻。

不要以为夫妻间直白的情话是多余的，说出来很不好意思的，别忘了它总是能给平淡的生活激起涟漪。很多时候我们因为工作忙，生活压力大，总觉得没时间、没心情说那些。都老夫老妻了，彼此太了解了，有那工夫还不如改善一下其他条件呢，以致无意或者刻意的把这一点忽略了，因此总会在心里感觉婚后的日子平淡无奇，没有了激情，有的甚至陷入情感危机。

其实有时候，一句直抒爱意的"我爱你"，分别时候的一句"我想你"，可能只是举"口"之劳，却能让对方备感温馨。所以请不要吝惜自己的甜言蜜语了，它能给我们的婚姻生活增加更多的甜蜜与温情。

夫妻间的甜言蜜语还可以用充满爱意的幽默的方式来表达。用幽默的方式来表达爱意，往往能逗大家开心，创造一个欢乐和谐的家庭氛围，在诙谐幽默的环境中让婚姻因情话而爱意融融。

有一对夫妻因为一点小事闹了矛盾，妻子赌气不吃饭，也不搭理丈夫。丈夫赶紧哄妻子："生气容易让人老，愁一愁就白了头，你想弄个老妻少夫呀？"妻子被逗笑了。

丈夫又说："这就对了嘛，笑一笑十年少，笑十笑老来俏！"妻子的怨气顿时无影无踪，娇嗔地说："哼，就会耍贫嘴！"心里却美滋滋的。

充满爱意的语言并不一定都要挂上"爱"字，也可以通过其他的方式来表达。只要话语里饱含着关切、关怀、支持与祝福同样包含着爱意，能达到同样的甜蜜效果。

可能大家平时都在忙自己的工作，对家庭的投入相对少了许多。

可是再忙都要记得在爱人生日时送上一份小礼物或一束鲜花，再加一张小卡片，可以在上边写些真诚而动听的话来表达对爱人支持自己工作的感激之情和祝福之意，爱人看了心里必定非常感动，幸福之泉就会在心中流淌。

夫妻各自下班回家，要常常给爱人讲讲自己的见闻趣事，不仅能让对方了解自己，也是敞开心扉给了对方了解自己的机会，家里如果总是笑声不断，也会更加温馨。

甜言蜜语并不是热恋中的年轻人的专利，结了婚并不等于失去了享受爱的权利，当然也并不等于不需要再尽表达爱的义务。

婚姻不是爱的终结，也不能缺少甜言蜜语的滋润，老夫老妻间充满关爱的甜言蜜语，更能让忙碌着为你付出的另一半内心感到欣喜和欣慰，爱的路才会更长久、更完满。

八、做个讨婆婆欢心的巧嘴媳妇

婆媳关系似乎是天底下最难相处的一种关系，不是母女却要喊妈，没有血缘却成一家，这在彼此的心理上或多或少都会存在障碍。在家庭生活中，可以说婆媳关系是一对特殊矛盾。

介于婆婆和媳妇之间年龄差距、角色身份所造成的在价值观方面的不同，面对生活中的琐事就会产生大大小小的碰撞。特别是在围绕相对她们来说就是中心的关于"儿子"或者"老公"的日常事务的管理上，常常会展开争夺战。似乎谁说的话有分量，谁的意见得到采纳，谁就是在这个家庭里处于重要地位的主导者。总觉得家里忽然来了个陌生人,而且是个要朝夕近距离长时间接触的陌生人,这多少让人心里有点不好接受,需要给对方一个缓冲的时间。其实,一切都是小问题,一家人还怎么会有两家话的道理,又何必大动干戈。

可是,毕竟是有关联,甚至要每天生活在一起,与其让自己被动地生闷气,还不如主动地去改善关系。

这就需要作为晚辈的媳妇在平时嘴巴甜一点,多说一些夸奖和暖心窝的话,如"妈,你做饭真好吃!""这个这么难您都会,您可真厉害!""自己当了妈才知道,原来您当年是那么辛苦!"说话不说话都常把"妈"常挂嘴边,千万不能不称呼直言说话,这样会让婆婆觉得不尊重她,更是徒增心理反感。甚至还可以说一些示弱的话,让她明白本无意侵占她的领土,剥夺她的主权,她依然是家里最"至高无上"的女主人,从而让她放下对你的敌意和芥蒂,使整个家庭和平共处、和谐相处。

要处理好这对矛盾,需要双方共同努力,但作为晚辈儿媳往往起着非常关键的作用。在平时的言语交谈中,一定要看婆婆的心思说话,先在说话上下工夫,才能做个讨人喜欢的儿媳。

要想说话讨婆婆喜欢,就要琢磨透婆婆的心思,这也就需要首先从心理上消除对婆婆的成见与芥蒂,要明确婆婆不是敌人。婆婆是老公的母亲,是把老公养育成人的人,和儿媳虽然并没有"过命"的交情,但是不能不相处、不尊重,所以,最妥当的就是把婆婆当做是那种保持一定距离的"朋友"。虽不需亲密无间、掏心掏肺,但也不能横眉冷对、白眼相向。

对于自己的小个性小爱好没有必要掩饰,过度的掩饰只会徒增婆婆的好奇心,产生被欺骗感。如果婆媳之间生活在一起,需要长期相处,那更不能在一开始就拿腔拿调,你现在的掩饰是在为以后的婆媳不和埋下伏笔。倒不如让自己的小缺点、小个性尽早地暴露出来,并且内心坦然面对婆婆的批评和指责,然后适时地卖个乖——"又让您笑话了!""看我这臭毛病啊,总也改不了!""一定下不为例!"这样一来,婆婆非但不会责怪,老人反而会觉得这孩子还挺有想法挺有意思的,知道照顾老人家的想法,反而会选择尊重你的个性与内心爱好。

所以,有什么坏习气也最好不要藏着掖着,要光明正大,并且自己不认为是坏习惯地显示出来,婆婆即使看不惯也只好解释为"她就那脾气",因此不会太较真。否则,一旦狐狸尾巴不小心露出来,就别怪她老人家背地里的话不好听了。

无论怎样,都应在心中时刻提醒自己:"婆婆是老公的亲妈,不能同长辈计较太多。"尤其是在婆婆有什么令自己不满时。这样才可以避免自己当场发作和婆婆理论,使矛盾激化而不可收拾。

总之,不和婆婆有正面冲突。更不能吵架,不要期望在老公那里和婆婆分出个胜负,你的老公根本就分不出来,即便分出来,也不会舍弃任何一个,因为在他心目中你们同样重要。凡事顺着婆婆来,嘴上甜点,没有那么不通情理的婆婆。时间久了,婆婆慢慢就会把你真正的当成一家人。

九、把话说到岳父岳母心坎里

一个女婿半个儿,怎样把这半个儿子当好,可不是一件容易的事。虽说丈母娘看女婿,越看越满意,但也并不是说所有的丈母娘看所有的女婿都是越看越满意的,关键是要看这个女婿怎么做了。

要想做一个真正让岳父岳母越看越满意的好女婿,一味地光靠行动表示是不够的,还需要会说话,会说讨他们心里喜欢的话,才会锦上添花。

要想说出讨他们喜欢的话,首先一定要摸准他们的心理脉搏。

小林婚后一直在妻子家里住。为了讨岳母欢心,他总是主动干家务活儿,但依然看不到岳母大人的好脸色。日子久了,他发现每当他说外边发生的新鲜事时,岳母就很感兴趣,往往"刨根问底"。于是他开始留心各种各样的新闻,每天下班回家后,他都找机会向岳母进行"汇报"。从此岳母见他回来总是笑脸相迎。有时还没等他开口,岳母就急着问:"今天又发生什么新鲜事了,快给我讲讲。"倘若有人来串门,她还要向人家进行"新闻重播",并自豪地说:"我们家小林知道的新闻可多了,我天天不出门,却知天下事。"

由此可见,要讨得丈母娘的欢心并不是苦干傻干就能被认可的,投其所好也是一项必不可少的技能。

面对突发情况时,要懂得应变,一家人不说外道话,话要说得贴心，冷暖自知。

小伟结婚后，总因没有时间照顾家而受到岳母的数落。不幸的是没有多久，岳母患了半身不遂不能下床，她总是感叹自己活着没用。小伟利用回家的机会，除了给岳母端水喂药外，还耐心地劝她安心养病："妈，您千万不要胡思乱想。俗话说，天有不测风云，人有旦夕祸福。吃五谷杂粮，谁都免不了会生病，生病了，就看您能不能抗住它。您一向要强，怎么可以能让这点小病给吓住呢？再说了，现在医学这么发达，您这病根本不是什么大问题。"他的话像一剂良药，岳母的精神一下子好了许多，几个月后，就能下床走动了。她逢人便说："是我的好女婿天天给我吃顺心丸，我的病才好得这么快。"

和岳父岳母长时间相处，难免言语上会有冲突，有摩擦，一旦起了冲突有了摩擦时，千万不能默声不响，一定要把问题解释清楚，关键时候的话千万不要吝啬，以免造成不必要的误会。

冯老先生只有一个独生女，老伴去世后她便搬到女儿家住。开始还好，后来女儿下岗了，一时半会又找不到工作，一家人都靠女婿一个人的工资生活。孩子上学得花钱，老人看病也得花钱。女儿因此心情不好，也常在家发脾气，冯老先生听了委屈地说："我要是有个儿子也不至于拖累你们啊。"女儿着急地说："爸，您就别说这样的话了好不好？"

女婿一听，忙亲热地对岳父说："爸，您要这样想可就不对了，有句话说'一个女婿半个儿'，现在时代已经变了，男女平等，就该是'一个女婿一个儿'了。您想，以后都是独生子女，女婿和儿子不就都一样了嘛。您老人家千万别把我当外人，从结婚那天起，我就当您是我亲爸了，难道您嫌弃我这个儿子吗？"几句话说得冯老先生老泪纵横。

老人家就那么点心思，就想着能很好的安度晚年，有依靠，有人照顾，有人说话。如若我们了解了老人家的这些心理，就多说些窝心的贴心话，相信他们一定会把心中的顾忌与疑虑全部打消，心里非常高兴接纳这么一个孝顺而又懂事体贴的女婿。

总之，在生活中用甜言蜜语讨岳父岳母的欢心，用实际行动为他们排忧解难，就会让他们疼爱自己女儿的同时，更喜欢你这个"会说话"的女婿。

参考文献

[1] 何君.《说话办事心理学全集》.中国长安出版社,2009.

[2] 程立雪.《说话攻心术》.中国长安出版社,2010.

[3] 于鲲.《口才心理操控术》.中国纺织出版社,2009.

[4] 万小遥.《好口才离不开心理学》.海潮出版社,2010.

[5] 韩雪.《不可不知的交际心理学》.金城出版社,2010.

[6] 汪龙光.《能说会道的心理学》.新世界出版社,2010.

[7] 李宗远.《说话的110个心理策略》.中国致公出版社,2011.

[8] 胡志明.《懂心理才能会说话会办事会做人》.中国纺织出版社,2010.

[9] 陈璐,陈姣.《话语操纵术大全集》.江西人民出版社,2011.

[10] 丁珊.《活学话语操控术,活用办事掌控术》.中国纺织出版社,2011.